U0260645

图说葡萄

陆爱华　吴伟民　陶建敏　主编

江苏凤凰科学技术出版社 · 南京

图书在版编目（CIP）数据

图说葡萄 / 陆爱华等主编. —南京：江苏凤凰科
学技术出版社，2022.10（2024.5重印）
 ISBN 978-7-5713-2938-9

Ⅰ.①图⋯ Ⅱ.①陆⋯ Ⅲ.①葡萄–图解 Ⅳ.
①S663.1-64

中国版本图书馆CIP数据核字（2022）第082151号

图说葡萄

主　　　编	陆爱华　吴伟民　陶建敏	
责 任 编 辑	严　琪	
责 任 校 对	仲　敏	
责 任 监 制	刘文洋	

出 版 发 行	江苏凤凰科学技术出版社
出版社地址	南京市湖南路1号A楼，邮编：210009
出版社网址	http：//www.pspress.cn
排　　　版	南京紫藤制版印务中心
印　　　刷	南京新世纪联盟印务有限公司

开　　　本	787 mm×1 092 mm　1/16
印　　　张	6.5
字　　　数	110 000
版　　　次	2022年10月第1版
印　　　次	2024年5月第2次印刷

标 准 书 号	ISBN 978-7-5713-2938-9
定　　　价	42.00元

图书若有印装质量问题，可随时向我社印务部调换。

《图说葡萄》编写人员

主　　编　陆爱华　吴伟民　陶建敏

副 主 编　孙洪武　田子华　李大婧　马　艳　芮东明　褚姝频　徐卫东

编著人员（按姓氏笔画排序）

马　艳　马啸驰　王　晨　王西成　王壮伟　王晓琳　田子华

史志高　吉沐祥　朱思柱　刘春泉　孙洪武　芮东明　李大婧

吴伟民　宋思言　陆爱华　郑　焕　胡　诚　钱亚明　徐卫东

徐文清　陶建敏　董礼花　褚姝频

前言

　　我国是世界优质鲜食葡萄主要产区之一。21 世纪初以来,随着'夏黑'和'阳光玫瑰'葡萄引种成功,并大面积推广葡萄避雨栽培技术,中国鲜食葡萄尤其是南方鲜食葡萄作为优势特色高效农业的典范,发展迅速,规模化、标准化水平不断提升。据联合国粮食及农业组织(FAO)统计年鉴数据,2020 年中国葡萄生产总面积 767 500 公顷,2019 年总产量为 1 484 万吨,鲜食葡萄占 76.2%。

　　虽然葡萄种植产业取得了不菲的成绩,但在良种创新、设施装备、劳动力素质、果品质量安全、品牌发展、产后商品化处理、产业化发展等方面与市场需求还有较大差距,产业面临重大转型升级的挑战和机遇。今后一段时期,葡萄产业应以提高市场竞争力为核心,改良品种、提高品质、培育品牌、优化结构、强化标准、提高质量、提高效益。重点围绕现代标准果园建设,推进技术标准化、果园机械化、观光采摘化发展;加强新品种培育和良种中心建设;强化产后处理,突破贮藏加工,大力培育壮大葡萄酒和葡萄蒸馏酒龙头企业;实施品牌战略,树立品牌,扩大宣传,打造一批"拳头产品"、特色产品和加工出口产品;全面推进葡萄全产业链建设。

　　葡萄标准化生产永远在路上。为进一步推进葡萄"三品一标"建设,我们编写了《图说葡萄》。本书图文并茂,创新集成,包容兼顾,寓学于用,为了适应高效率和快节奏的生活,特地提高了内容的可读性和趣味性。

本书以全产业链为视角,力求一二三产业融合。全书共分八章,前两章为葡萄概况和葡萄生长发育;第三至第五章为葡萄品种、葡萄栽培和葡萄主要病虫害及绿色防控技术,是本书的核心内容;第六至第八章为葡萄贮藏保鲜、冷链物流与销售和鲜食葡萄加工利用技术及葡萄文化。本书适合从事葡萄生产、科研、教学、加工、流通、管理等领域的专业人员拓展阅读参考,更可为广大葡萄种植户科学生产以及葡萄市场主体经营决策提供技术支持,也可为城乡居民消费葡萄相关产品提供借鉴,还可作为农业院校教学及农业农村培训的辅助教材。

　　衷心感谢所有参编人员精心编撰或提供图文、视频资料,感谢江苏省农业技术推广总站、江苏省农业科学院、南京农业大学、张家港市俞氏生态果园、江苏凤凰科学技术出版社等单位及江苏省葡萄产业技术体系和国家农产品保鲜工程技术研究中心张平研究员的大力支持和帮助。受编者水平和能力的限制,书中错漏之处在所难免,欢迎广大读者批评指正。限于篇幅,许多科普要素和生产细节不太能够详尽阐述。

编　者

2022 年 4 月

目录

葡萄概况

1.1 世界葡萄产业发展整体格局

全球葡萄生产近八成在欧亚大陆。根据联合国粮食及农业组织（FAO）数据统计，2020年，全球葡萄收获面积10 426.4万亩*，其中欧洲葡萄收获面积5 185.7万亩，占比49.7%，亚洲葡萄收获面积3 035.2万亩，占比29.1%，欧亚大陆葡萄收获面积接近79%。美洲、非洲和大洋洲葡萄收获面积分别为1 445.4万亩、511.8万亩、248.4万亩，分别占比13.9%、4.9%、2.4%（图1-1）。

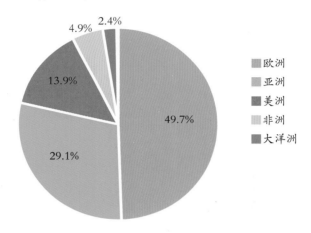

图1-1　2020年世界各大洲葡萄收获面积占比
（资料来源：联合国粮食及农业组织）

葡萄主产国集中度较高。2020年，葡萄主产国中，西班牙以1 397.4万亩的收获面积居世界第一，中国、法国、意大利等国同时也是葡萄主产国（表1-1）。我国葡萄收获面积1 151.3万亩，占全球葡萄收获面积的11.04%，位居世界第二。从产业集中度来看，前十位的国家葡萄收获面积达到7 053.7万亩，占全球总收获面积的67.65%，产业集中度较高（图1-2）。

表1-1　2020年世界葡萄收获面积前十位国家　　　　　单位：万亩

区域	面积
西班牙	1 397.4
中国	1 151.3

---

* "亩"是我国农业生产中常用的面积单位（1亩约为666.7平方米）。为便于统计计算，后文部分内容仍沿用"亩"作单位。

区域	面积
法国	1 138.6
意大利	1 055.9
土耳其	601.5
美国	558.5
阿根廷	322.2
智利	301.4
葡萄牙	263.5
罗马尼亚	263.4

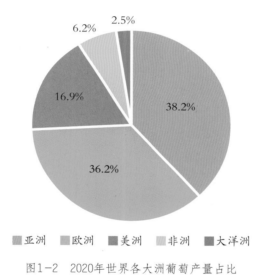

图1-2　2020年世界各大洲葡萄产量占比

　　葡萄单产水平差异较大。2019年,从国家层面来看,世界葡萄单产平均为699.2千克/亩(表1-2)。各国葡萄单产水平最高的是埃及,为1 348.8千克/亩,印度和越南分别以1 347.1千克/亩和1 337.5千克/亩位列第二、第三。但三者葡萄栽培面积并不太高,其中埃及葡萄栽培面积118.3万亩,印度栽培面积225.8万亩,越南栽培面积不足2万亩。葡萄收获面积排在前十位的国家中,我国葡萄单产1 219.8千克/亩,排名第四,美国葡萄单产1 035.0千克/亩,排名第七。葡萄收获面积最大的西班牙,单产水平仅有396.3千克/亩,欧洲的意大利单产水平较高,为738.5千克/亩,南美的智利单产水平较高,为857.6千克/亩(表1-3)。

表1-2　2019年世界各国葡萄单产前十名　　　　　　　　单位：千克/亩

国家	单产
埃及	1 348.8
印度	1 347.1
越南	1 337.5
中国	1 219.8
巴西	1 216.7
阿尔巴尼亚	1 148.4
美国	1 035.0
泰国	988.1
秘鲁	888.6
乌拉圭	870.3

注：单产由产量（数据来源：联合国粮食及农业组织）除以栽培面积（数据来源：国际葡萄与葡萄酒组织）得出。

表1-3　2019年葡萄主产国葡萄单产水平　　　　　　　　单位：千克/亩

国家	单产
中国	1 219.8
美国	1 035.0
智利	857.6
意大利	738.5
日本	645.2
阿根廷	780.7
法国	460.7
西班牙	396.3

注：单产由产量（数据来源：联合国粮食及农业组织）除以栽培面积（数据来源：国际葡萄与葡萄酒组织）得出。

中国葡萄产量增长迅速。2020年，中国以1 484万吨的葡萄产量稳居世界第一，占全球葡萄总产量的19%，接近第二名、第三名的总和。世界葡萄产量排名前十的国家产量占比达到52.7%（图1-3）。

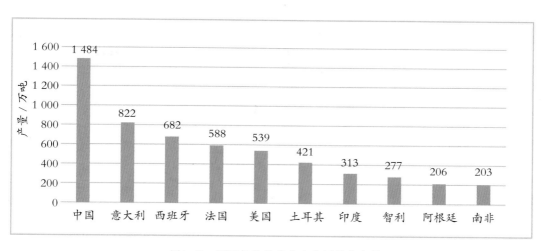

图1-3　2020年世界葡萄主产国葡萄产量

中国葡萄以鲜食为主，加工率低。世界葡萄平均加工率为48.6%，传统葡萄酒生产国的葡萄主要以加工酿酒为主，法国、澳大利亚的葡萄加工率超过90%，西班牙、阿根廷和意大利的葡萄加工率超过80%，美国亦超过一半，达到59.2%。我国葡萄主要以鲜食为主，2019年加工率仅20.5%，鲜食葡萄比例仍然在逐年攀升，2019年达到76.22%（图1-4至图1-6）。

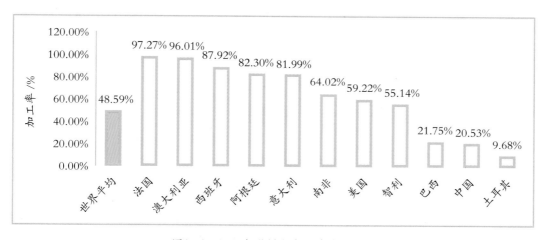

图1-4　2019年世界主产国葡萄加工率

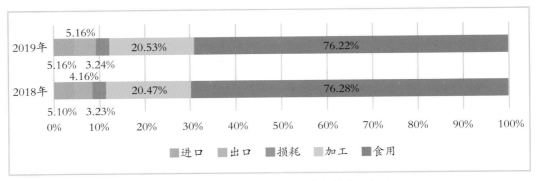

图1-5　2018—2019年中国葡萄供需平衡图

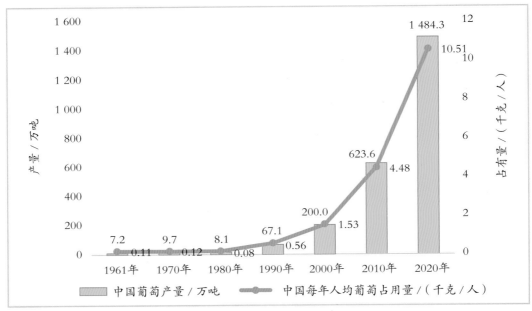

图1-6　中国葡萄产量及人均占有量
（注：2020年人口按14.12亿人计算）

鲜食葡萄贸易量占比小。从贸易情况来看，全球葡萄贸易总量不大。2020年，世界葡萄出口量476.7万吨，仅占总产量的6.1%。智利为最大的葡萄出口国，出口量60.3万吨。世界葡萄进口量470.1万吨，其中美国为最大的葡萄进口国，进口量66.4万吨。我国葡萄贸易总量较小，出口42.5万吨，进口25万吨，贸易总体均衡。

中国葡萄主要出口至东南亚，主要从南美进口（表1-4）。中国葡萄的主要出口国是泰国、越南和印度尼西亚，2020年分别出口115 111吨、114 424吨和63 739吨。智利、澳大利亚和秘鲁是我国葡萄主要进口国，2020年，分别从上述三个国家进口葡萄111 313

吨、66 278 吨和 53 844 吨（表 1-5）。2020 年，我国葡萄出口总值 90 744.3 万美元，葡萄进口总值 64 281.6 万美元。

表1-4　中国葡萄主要出口目的地

国家或地区	出口量/吨	价值/万美元	单价/（元/千克）
泰国	115 111	29 197.7	16.72
越南	114 424	30 525.5	9.20
印度尼西亚	63 739	21 207.8	21.94
菲律宾	44 918	15 916.3	23.36
孟加拉国	31 601	10 835.3	22.60
马来西亚	15 201	5 150.5	22.34
缅甸	11 629	2 430.4	13.78
中国香港	9 713	2 457.9	16.68
俄罗斯	5 706	831.8	9.60
印度	4 645	1 227.2	17.42
斯里兰卡	2 466	721.5	19.28
哈萨克斯坦	1 994	232	7.66
中国澳门	1 068	75.6	4.66
蒙古	1 022	29.8	1.92
新加坡	810	296.7	24.14
朝鲜	421	59.8	9.36
乌兹别克斯坦	155	15.5	6.58
吉尔吉斯斯坦	98	10.6	7.14
澳大利亚	53	15.1	18.78
卡塔尔	42	7.5	7.94
马尔代夫	26	5.6	11.58
老挝	23	5.7	20.78
吉布提	23	2.8	19.84
阿联酋	15	5.9	26.44
肯尼亚	13	3.9	19.78

续表

国家或地区	出口量 / 吨	价值 / 万美元	单价 /（元 / 千克）
柬埔寨	2	0.7	23.08
加拿大	1	0.3	19.78
东帝汶	1	0.4	26.36

表1-5　中国葡萄主要进口来源地

国家或地区	出口量 / 吨	价值 / 万美元	单价 /（元 / 千克）
智利	111 313	26 027.8	15.42
澳大利亚	66 278	18 494.8	18.40
秘鲁	53 844	14 286.3	17.50
南非	10 635	2 711.1	16.80
印度	4 551	1 006.8	14.58
美国	3 159	930.2	19.42
韩国	414	738.4	117.58
埃及	185	44.8	15.96
墨西哥	75	25.7	22.58
西班牙	44	15.7	23.52

1.2 江苏葡萄发展特点

产业基本情况。江苏省是中国优质鲜食葡萄主要产区之一。据2019年江苏统计年鉴数据显示,2018年江苏省葡萄生产总面积59.8万亩,总产量为67.1万吨,在中国南方十多个省市中位居前列(表1-6)。

表1-6　江苏葡萄发展的历程

年份	葡萄面积 / 万亩	产量 / 万吨
1982	2.0	0.54
1988	6.9	5.20
2003	11.5	9.80
2015	56.6	60.20
2018	59.8	67.10

江苏鲜食葡萄产业发展在中国葡萄发展史中具有重要的里程碑意义,表现在四个率先:20世纪80年代初率先引进'巨峰'葡萄并快速在苏南及南通地区推广。90年代末率先从日本引进'夏黑'葡萄,并研发出'夏黑'葡萄配套栽培技术,开创了中国早熟葡萄产业的发展先河。2009年,南京农业大学通过"948项目"率先从日本引进葡萄新品种'阳光玫瑰';2012年,开始大面积示范推广,种植面积从2014年的5.6万亩增加至2020年的22.5万亩,占全省葡萄种植总面积的37.0%,占设施葡萄种植面积的65.5%。近20年来率先大面积推广葡萄避雨栽培技术、稀植大树冠模式、"H"形整形、短梢极短梢修剪、花序整理、果穗整形等优质高效标准化栽培技术,品质和效益得到了极大提升。葡萄观光、采摘、休闲、加工、葡萄小镇建设等产业化水平取得快速发展。

葡萄蒸馏酒发展现状。江苏怡亨酒庄有限公司是经江苏省发展与改革委员会批准获得江苏省第一张红酒生产许可证、第一张鲜食葡萄蒸馏酒生产许可证和第一张果酒生产许可证的企业,拥有800亩水果种植基地。拥有1座3 500平方米的酒厂,1条从意大利进口的高品质葡萄酒灌装生产线、1条果酒蒸馏酒酿造生产线。建成1 900平方米的葡萄酒展示及文化体验中心,2 200平方米的游客接待、精品客房与餐饮服务中心,2 600平方米的婚庆中心和餐饮中心。2021年,江苏怡亨酒庄有限公司开展一站式加工服务平台,为6家葡萄生产企业加工葡萄蒸馏酒,每年加工原料200~300吨,每年成品蒸馏酒20~30吨。

科技装备支撑持续增强。2017年,江苏省葡萄产业技术体系正式启动,建立南京农业大学葡萄创新中心和5个技术创新团队,近10年来培育出'早夏香''东方脆红玉''神高峰''紫金红霞''园苹果'等一批自主知识产权葡萄新品种,系统集成一批葡萄新技术。2020年,全省建立26家省级标准葡萄园,设施葡萄园38万亩。《葡萄新品种及优质高效生产技术集成与推广》获得2020年江苏省农业技术推广一等奖。

重点推广避雨葡萄"H"形栽培技术、葡萄稀植大树冠模式、短梢极短梢修剪、花序整理、果穗整形、机械化技术、智能化省力化栽培技术等优质高效标准化栽培技术。2020年,新技术推广覆盖率70%以上,比2015年提高20%以上。葡萄园机械化率达25%,比2015年增13%。在水肥一体化、机械迷雾绿色综防、果园除草、施肥等机械化方向发展迅速。

绿色生产方式加快推广。大力推广果园杀虫灯、粘虫色板、性诱剂、捕食螨、防虫网、防鸟网的农业生物防治措施。进一步推广葡萄大棚避雨栽培、大力推广有机肥应用和食用菌基质腐熟再利用、大力推广生物菌肥改良土壤微生物种群等措施。进一步降低农药化肥用量 10% 以上。

质量品牌建设不断提升。大力推广疏果整穗、果实套袋、菇渣改良土壤、增施生物有机肥、果园生草、绿色防控、水肥一体化等提质增效措施,2020 年葡萄优质果率提升到85%,比 2015 年提高 15 个百分点。实施品牌战略,打造江苏"果蓝子"+"区域特色品牌"+"互联网"为核心的江苏葡萄知名品牌。重点培育"丁庄葡萄"区域公用品牌,积极宣传培育"神园葡萄""旺旺葡萄""奇园葡萄""金牛湖葡萄""盘城葡萄""春之韵葡萄""葡之源葡萄""礼嘉葡萄""颖丰葡萄""科丰葡萄""璜土葡萄"等江苏葡萄大品牌。

2

葡萄生长发育

2.1 休眠期

　　葡萄植株的休眠期一般是指从秋季落叶开始到次年树液开始流动时为止,常可划分为自然休眠期和被迫休眠期两个阶段。葡萄新梢上的冬芽进入休眠状态在8月间,9月下旬至10月下旬处于休眠中期,至翌年1—2月即可结束自然休眠(图2-1)。

　　葡萄伤流现象一般从萌芽前20天左右开始,此时土壤表层5厘米处地温达到8~10℃,葡萄根系开始从土壤中吸收水分和营养物质,树体内液体开始流动。伤流期管理要点为清园、防抽干、促萌芽(图2-2)。

图2-1　冬芽休眠

图2-2　伤流期

2.2 萌芽期

　　葡萄萌芽期因地区和气候不同而存在较大差异,苏南地区4月上旬即可萌芽,而苏北地区到4月中旬才开始萌芽(图2-3、图2-4)。萌芽期管理要点:一是打破休眠期,待气温达到10℃时可利用石灰氮或单氰胺进行破眠处理,破眠剂处理后需及时浇水,以保证后期萌芽整齐。二是清园,在萌芽之前,对枯枝落叶以及杂草进行清理,带出园内销毁,并且喷施3~5波美度的石硫合剂,消灭越冬的病虫害。三是施芽前肥,提前10天施萌芽肥,以速效性的氮肥为主(氮肥的施用量占到全年的一半以上),磷肥、钾

图2-3　萌芽始期
(约5%的芽眼鳞片裂开,露出茸毛,呈绒球状)

图2-4　萌芽期
(主芽和副芽萌发)

肥为辅,并适量补充钙、硼等微量元素,促进新芽的萌发,为后续的葡萄展叶补充营养。四是疏芽,萌芽会消耗大量的营养,所以需要对一部分较弱的芽和被病虫害侵染的芽进行抹除,集中营养保证健壮芽条的生长,促进枝条老熟。五是病虫害防治,新芽大量萌发期,也是病虫害大量发生期,需对红蜘蛛、绿盲蝽、黑痘病、白粉病、炭疽病等进行重点防治。

2.3 新梢生长期

'阳光玫瑰'新枝管理

葡萄新梢生长期指从展叶到新梢停止生长的时期,初期生长缓慢,后随气温达到20℃左右时新梢迅速生长,日生长5厘米以上,进入生长高峰期,并持续到开花,随后生长变缓,新梢的腋芽迅速长出副梢(图2-5至图2-8)。新梢生长期管理要点:一是抹芽定梢,抹去弱芽、过密芽、无用的萌蘖、副梢、畸形芽,以节省树体养分,促进保留芽的生长。二是引缚,引缚即绑蔓,篱架管理将新梢均匀地向上引缚在架上,避免交叉。棚架管理时,将新梢平行引向有空间的部位,使结果新梢均匀布满架面。三是摘心,对葡萄新梢摘心,能抑制延长生长,使养分流向花序,开花整齐,提高坐果率,使叶片和芽肥大、

图2-5 抽梢期

图2-6 新梢生长期

图2-7 新梢始熟期

图2-8 新梢成熟期

'阳光玫瑰'扭梢(春季修剪时)

花芽分化良好。葡萄结果枝摘心在开花前 3~5 天或初花期进行,花序以上留 5~7 叶摘心。四是副梢处理,葡萄副梢处理在开花前开始,一年进行 3~5 次,第 1 次与新梢摘心同时进行。五是去卷须,葡萄卷须会在架面上缠绕,影响新梢、果穗生长,给绑蔓、采收、冬剪和下架等操作带来不便,同时卷须还会消耗养分,所以应及时将卷须去除。

2.4 开花期

葡萄花期在苏南地区一般是 5 月上旬,苏北地区一般是 5 月中旬,可持续 4~14 天,多为 7~12 天(图 2-9、图 2-10)。花前和花期管理要点:一是花序处理,开花前 10 天左右疏花序、掐序尖、去副穗(图 2-11),在开花前结合摘心、处理副梢、去卷须等同时进行。

图 2-9　开花始期　　　　　　　　　　图 2-10　盛花期
（约 5% 的花开放）　　　　　　　　　（约 50% 的花开放）

图 2-11　花穗处理

二是肥水管理,开花前一周,每株施 50 克左右氮、磷、钾复合肥,施肥后灌 1 次水,促进新梢生长,保证花期需水量。最好膜下管道灌水,避免温室内湿度过大,发生病害。三是病虫害防治,在葡萄开花前喷施 1 次甲基托布津或用百菌清进行 1 次熏蒸,防治灰霉病、穗轴褐枯病等病害,或喷 1 次 70% 代森锌可湿性粉剂 800 倍加氯氰菊酯 1 500 倍液,防治穗轴褐枯病、黑痘病、蓟马等病虫害。

2.5 果实生长发育期

在花后果实生长发育期间,需要适当地疏果,以提高葡萄果实外观与内在品质(图 2-12 至图 2-15)。疏果时间:第一次疏果最好在果实绿豆大小时,坐果后,当果粒达黄豆大小时再进行第二次疏果。疏果原则:确保每一个果粒的营养供应充足;果粒与果粒之间要留有适当的发展空间;遵循品种特性。疏果方法:不同品种的疏果方法有所不同,主要分为疏除小穗梗和疏除果粒两种方法。套袋铺膜:套袋一般在开花后 20 天左右进行,套袋前要喷 1 次杀菌剂和杀虫剂,待药干后进行套袋。

葡萄转色期是提高葡萄品质的重要时期。转色期管理要点:一是药剂处理,为促进浆果糖分积累和着色,在葡萄开始着色前 10~15 天,喷 100~200 毫克/千克的 S-诱抗素溶液,既可显著提高果实着色和糖分含量,又能提早成熟 10~15 天(图 2-16)。二是施肥管理,葡萄着色期提供充足的养分可有效提高葡萄糖分、改善浆果品质、促进新梢成熟,以速效

图2-12 浆果开始生长期
(终期,约95%的花开放)

图2-13 幼果期

图2-14 浆果快速膨大期

图2-15 浆果始熟期
（约5%的浆果开始着色）

图2-16 浆果着色期

磷肥、钾肥为主。果实成熟期可摘除老叶和铺设反光膜,摘除量以有 25% 直射光照到面为宜,反光膜可增加架下散射光量,从而促使果穗着色均匀一致,果实达到品种特有的颜色和光泽,完熟期果实完全变成褐色(图 2-17)。刚着色完全的有色葡萄果实,切忌立即采收上市销售,此时的葡萄果实糖分积累还未完全,香气也未充分形成。

图2-17　浆果完熟期

2.6 落叶期

落叶期是果实采收至叶片变黄脱落的时期(图2-18)。此时树体活动逐渐减弱,叶片合成的葡萄糖等转变成淀粉大量贮藏到枝蔓和根部,枝蔓自下而上逐渐成熟,直到早霜冻来临,叶片脱落。

图2-18　落叶期

3

葡萄品种

3.1 自主知识产权品种

3.1.1 园红玫（图 3-1）

来源与分布：欧亚种。二倍体。由张家港市神园葡萄科技有限公司选育,亲本为'圣诞玫瑰'דֿ贵妃玫瑰'。2020 年获农业农村部品种登记。在我国江苏、云南、新疆地区有一定栽培面积。

主要特性：果穗中等大。果粒着生中等紧密,大小均匀。果粒卵圆形,鲜红色,单粒重 11.3 克,最大粒重 15.0 克。果粉较厚。果皮中厚,无涩味,果皮与果肉易分离。果肉中等脆,可溶性固形物含量 17%~20%,纯甜。品质优。每果粒含种子 2~3 粒。不裂果,不掉粒。可以自然坐果,无需保果、膨果,管理简单。不易无核处

图3-1　园红玫

理。新梢梢尖开张,茸毛无或极浅。幼叶上表面无光泽。成龄叶片五角形,上表面绿色,5 裂,叶柄洼半开张基部"V"形,锯齿两侧直,上表面泡状突起浅。两性花。植株生长势强。在苏南地区避雨栽培条件下,3 月下旬萌芽,5 月上旬开花,8 月上旬成熟。

栽培要点：年降水量 600 毫升以上的地区需要避雨栽培。棚架、"V"形架栽培均可。适宜中短梢混合修剪。

3.1.2 园金香（图 3-2）

来源与分布：欧美杂交品种。二倍体。由张家港市神园葡萄科技有限公司选育,亲本为'阳光玫瑰'×'蜜儿脆'。2020 年获农业农村部品种登记。在我国江苏、云南、新疆地区有一定栽培面积。

主要特性：果穗大。果粒着生紧密,大小较均匀。果粒近圆形,黄绿色,单粒重 11.8 克,无核处理后粒重 15~18 克,最大超过 20 克。果粉

图3-2　园金香

中厚。果皮薄、无涩味,果皮与果肉不易分离。果肉较硬、汁多,玫瑰香味,可溶性固形物含量18%~21%,清甜。品质优。可以自然坐果,无需保果,管理省工。每果粒含种子1~3粒,易无核化栽培。不裂果,不掉粒。新梢梢尖半开张,茸毛无或极浅。幼叶上表面有光泽。成龄叶片五角形,上表面绿色,3裂,叶柄洼半开张基部"V"形,锯齿一侧凹一侧凸,上表面泡状突起浅。两性花。植株生长势强。在苏南地区避雨栽培条件下,3月下旬萌芽,5月上旬开花,7月中下旬成熟,同比'阳光玫瑰'早熟20~25天。

栽培要点:年降水量600毫升以上的地区需要避雨栽培。棚架、"V"形架栽培均可。适宜中短梢混合修剪。

3.1.3 园香妃(图3-3)

来源与分布:欧亚种。二倍体。由张家港市神园葡萄科技有限公司选育,亲本为'红巴拉多'ב'爱神玫瑰'。2022年7月获农业农村部品种权授权公示。在我国江苏、云南、新疆地区有一定栽培面积。

主要特性:果穗中等大。果粒着生中等紧密,大小较均匀。果粒卵圆形,红色至紫红色,单粒重8.9克,最大重11.8克。果粉薄。果皮薄、无涩味,果皮与果肉不易分离。果肉脆、汁多,玫瑰香味浓郁。可溶性固形物含量18%~23%,纯甜。品质极优。可以自然坐果,无需保果,长势中庸,管理省工。每果粒含种子1~3粒,可以无核化处理。不裂果,不掉粒。新梢梢尖开张,茸毛无或极浅。幼

图3-3 园香妃

叶上表面有光泽。成龄叶片五角形,上表面绿色,5裂,叶柄洼半开张基部"V"形,锯齿两侧凹和两侧凸混合型,上表面泡状突起浅。两性花。植株生长势中等。在苏南地区避雨栽培条件下,3月下旬萌芽,5月上旬开花,7月上旬成熟,同比'夏黑'早10天以上。

栽培要点:年降水量600毫升以上的地区需要避雨栽培。棚架、"V"形架栽培均可。适宜中短梢混合修剪。

3.1.4 紫金红霞(图3-4)

来源与分布:江苏省农业科学院果树研究所以'矢富罗莎'为母本、以'香妃'为父本杂交选育而成。目前已在江苏徐州、泰州、南京、镇江、常州、无锡等葡萄主要产区栽

培应用。

主要特性:欧亚种,二倍体,两性花。嫩梢梢尖闭合,梢尖匍匐茸毛极密,花青甙显色极弱。幼叶正面颜色为浅红褐色,背面主脉间匍匐茸毛密度极疏,成龄叶大小中等,近圆形,5裂,叶柄洼轻度重叠,背面主脉间匍匐茸毛极疏。果穗圆锥形,较整齐,平均穗重526克;果粒椭圆形,果皮薄,果皮呈红紫色至紫色,无涩味,果粉较厚,有光泽,平均单果粒重9.2克;种子1~3粒;果肉与果皮易剥离;不裂果;不掉粒;平均果实可溶性固形物含量18.5%;可滴定酸含量0.495%,多汁,甜,有淡玫瑰香味。7月中旬进入果实成熟期。植株生长势较强,丰产,果实易着色,品质中上等,耐贮运,综合性状优良。

图3-4 紫金红霞

栽培要点:需避雨栽培,棚架、"V"形架均可,适宜中短梢混合修剪,加强疏果。

3.1.5 园香指(图3-5)

来源与分布:欧美杂交品种。二倍体。由张家港市神园葡萄科技有限公司选育,亲本为'阳光玫瑰'דQL2012-2'。已获得品种权申请受理。在我国江苏、云南地区有一定栽培面积。

主要特性:果穗中等大。果粒着生中等紧密,大小较均匀。果粒长椭圆形,绿黄色至黄色,单粒重8.5克,最大自然果粒超过10克。无核处理后粒重10~16克。果粉薄。果皮薄、无涩味,果皮与果肉不易分离。果肉脆、汁多,浓郁玫瑰香味。可溶性固形物含量19%~25%,最高超过30%,浓甜。品质极优。每果粒含种子1~2粒,易无核化处理。不裂果,不掉

图3-5 园香指

粒。新梢梢尖半开张,梢尖匍匐茸毛密。幼叶上表面有光泽,红褐色,背面主脉间匍匐茸毛密。成龄叶片五角形,5裂,叶柄洼半开张,基部"V"形,锯齿两侧直,上表面泡状突起极弱,背面主脉间匍匐茸毛密。两性花。植株生长势强。在苏南地区避雨栽培条件下,3月下旬萌芽,5月上旬开花,7月下旬成熟,同比'阳光玫瑰'早熟20天。

栽培要点:年降水量600毫升以上的地区需要避雨栽培。棚架、"V"形架栽培均可。适宜中短梢混合修剪。

3.2 主栽品种

3.2.1 巨峰(图3-6)

来源与分布:欧美杂交品种,原产地日本。由大井上康育成,亲本为'石原早生'בּ'森田尼'。在我国各地均有栽培。

主要特性:果穗圆锥形,带副穗,平均穗重400.0克。果粒着生中等紧密。果粒椭圆形,紫黑色,平均粒重8.3克。果粉厚。果皮较厚。果肉软,有肉囊,汁多,绿黄色,味酸甜,具草莓香味,可溶性固形物含量16%以上。可滴定酸含量0.6%~0.7%,品质中上等。每果粒含种子多为1粒。嫩梢绿色,梢尖半开张微带有紫红色,梢尖茸毛中等密。幼叶浅绿色,下表面有中等白色茸毛。成龄叶近圆形,大,5裂,上裂刻浅,开张或闭合,下裂刻浅,开张。锯齿两侧凸,叶片无正面泡状突起。叶柄洼半开张。两性花。植株生长势强。在张家港地区,3月下旬萌芽,5月初开花,8月上旬成熟。

栽培要点:适应性较强。在我国南北各地均可栽培。棚架、"V"形架栽培均可。此品种容易落花,落果严重,栽培上应控制花前肥水,并及时摘心,控制产量。

3.2.2 夏黑(图3-7)

来源与分布:欧美杂交品种。别名黑夏、夏黑无核、东方黑珍珠。1968年,由日本山梨县果树试验场杂交育成,亲本为'巨峰'ב无核白'。在江苏、浙江、云南、上海、安徽等地有大面积栽培。

图3-6 巨峰

图3-7 夏黑

主要特性:果穗圆锥形,间或有双岐肩,平均穗重415.0克。果粒着生紧密或极紧密。果粒近圆形,紫黑色或蓝黑色,膨大处理后一般粒重8~10克。果粉厚。果皮厚而脆,无涩味。果肉硬脆,无肉囊,味浓甜,具有草莓香味,可溶性固形物含量18%~22%,品质上等。无核。嫩梢黄绿色,梢尖闭合,乳黄色,有茸毛,无光泽。幼叶乳黄至浅绿色,带淡紫色晕,上表面有光泽,下表面密生丝毛。成龄叶近圆形,极大,叶缘上翘,下表面疏生丝状茸毛。叶片3或5裂,上、下裂刻均深,裂刻基部椭圆形。锯齿两侧直,叶片无正面泡状突起。叶柄洼半开张。两性花。三倍体。植株生长势极强。在张家港地区,3月中旬萌芽,4月下旬开花,7月中旬成熟。

栽培要点:适合全国各地葡萄产区种植。棚架、"V"形架栽培都可,中短梢混合修剪。

3.2.3 阳光玫瑰(图3-8)

来源与分布:欧美杂交品种。别名夏音马斯卡特。1988年,由日本果树试验场安芸津葡萄、柿研究部选育而成,亲本为'安芸津21号'בあ白南'。2009年,开始陆续引入我国,推广迅速并成为主栽品种。

主要特性:果穗大,果粒大小均匀,着生紧密,自然粒重8~10克,一次膨大处理后15~20克。果粒长圆形,黄绿或绿色,果肉硬脆,有浓郁玫瑰香味。可溶性固形物含量为18%~24%。新梢梢尖开张,梢尖茸毛密。幼叶上表面无光泽,有稀疏茸毛。成龄叶近五角形,上表面绿色,5裂,叶柄洼闭合,锯齿两侧直和两侧凸混合,上表面泡状突起浅。两性花。植株长势强。在张家港地区,3月上旬萌芽,5月中旬开花,8月中旬成熟。

栽培要点:适合全国各地葡萄产区种植。棚架、"V"形架栽培都可,中短梢混合修剪。

图3-8 阳光玫瑰

'妮娜皇后'展示

'夜色玫瑰'展示

'夜色玫瑰'注意日灼

特色葡萄品种糖分及特点

葡萄栽培

4.1 建园

4.1.1 园地规划

'阳光玫瑰'避雨栽培投资估算

新建葡萄园,需做好葡萄园规划,选择栽培模式,适宜的定植密度,配套水肥一体化系统,园区道路建设,符合机械化、省力化管理要求(图4-1至图4-4)。

图4-1　葡萄园规划

图4-2　水肥一体化系统

图4-3　机械喷药

图4-4　机械割草

4.1.2 栽培模式

有露地、避雨、促成三种栽培模式,架式采用水平棚架或者"V"形架(图4-5至图4-7)。避雨栽培是以避雨为目的,在葡萄架面上方搭建防雨棚,覆盖塑料薄膜遮断雨水的栽培方式(图4-8至图4-10)。促成栽培是葡萄通过低温休眠后,于1—2月将大棚用塑料膜覆盖,利用日光使之升温达到提早使葡萄成熟的一种栽培方式,主要有单膜促成栽培、双膜促成栽培和日光温室促成栽培3种方式(图4-11至图4-13)。

图4-5　水平棚架式

图4-6　"V"形架式

图4-7　露地栽培

图4-8　简易小拱棚避雨

图4-9　单栋大棚避雨

图4-10　联栋大棚避雨

图4-11　单膜促成栽培

图4-12　双膜促成栽培

图4-13 日光温室促成栽培

4.1.3 定植

开挖定植沟或定植穴（图 4-14 至图 4-16）。新建葡萄园，露地栽培，开沟定植，定植沟深度 0.4~0.6 米，宽度 0.8~1.2 米。设施栽培，开挖定植沟或定植穴，定植沟深度 0.4~0.6 米，宽度 0.8~1.2 米；定植穴深度 0.4~0.6 米，长度和宽度均为 2.5 米。

定植密度。水平棚架"一"字形整形，定植密度为行距 2.5~3.0 米，株距 3~6 米，每亩 37~89 株。"H"形整形，定植密度为行距 4.4~6.0 米，株距 5~7 米，每亩 16~30 株。"WH"形整形，定植密度为行距 8.8~12.0 米，株距 5~7 米，每亩 8~15 株。"王"字形整形，定植密度为行距 6.6~9.0 米，株距 5~7 米，每亩 11~20 株。"X"形整形，定植密度为行距 4~5 米，

图4-14 开挖定植沟

图4-15 开挖定植穴

株距 4~5 米,每亩 27~42 株。最终稀植大冠栽培(图 4-17)。

图4-16 幼苗定植后覆盖黑地膜

图4-17 稀植大冠栽培

定植当年树的管理。培养主枝,及时绑扎(图 4-18、图 4-19)。

图4-18 及时绑扎新梢

图4-19 培养主枝

4.2 新梢管理

4.2.1 抹芽

抹芽是新梢管理的第一步,在调节树体营养方面有着重要的作用。根据树体生育状况,决定抹芽时期及抹芽程度,使留下的新梢生长整齐,棚面透光良好。

有籽栽培品种的抹芽('巨峰'为代表品种)。第 1 次抹芽在展叶 2~3 叶时,抹去不定芽、结果母枝基部 2~3 芽,控制过度抹芽(图 4-20、图 4-21)。如果树势强,就仅抹去不定芽,多留新梢,分散养分。第 2 次抹芽在展叶 6~8 叶时,抹去副芽及极端强的新梢,使开花初期的新梢生长长度为 50~60 厘米。第 3 次抹芽在确认坐果后,抹去过密的新梢、落花落果重的新梢和穗形差的新梢,调整到适宜新梢的标准。

<table>
<tr><td>图4-20　第1次抹芽前</td><td>图4-21　第1次抹去副芽后</td></tr>
</table>

　　无籽栽培品种(短梢修剪)的抹芽('阳光玫瑰'为代表品种)。'阳光玫瑰'在展叶 2~3 叶时,抹除不定芽和副芽。展叶 5 叶时,能判断花穗着生情况时,尽量留下靠近主枝的芽,选择水平方向生长的芽,抹掉向上、向下生长的芽。最终 1 个芽座留 1 根新梢,但考虑到风害和绑扎会造成损伤,需多留 20% 的新梢(图 4-22、图 4-23)。

<table>
<tr><td>图4-22　抹芽前</td><td>图4-23　抹芽后
(1个芽座留1根新梢)</td></tr>
</table>

4.2.2 新梢绑扎

通过新梢绑扎,可使新梢均匀地配置在棚面,使叶片受光良好,生产高品质果实。新梢生长到50~60厘米时开始绑扎,分批绑扎,动作要轻,注意枝易折断。

长梢修剪树的新梢绑扎。 结果母枝先端继续生长的新梢,使其笔直向前生长,其他新梢与结果母枝成垂直方向绑扎,均匀绑扎,不交叉(图4-24)。

短梢修剪树的新梢绑扎。 从芽座发生的新梢与结果母枝成垂直方向绑扎。主枝每20厘米,配置1根新梢,发生空缺时,将近处的新梢缓缓弯曲填补空挡(图4-25)。

图4-24　长梢修剪树的新梢绑扎　　　　图4-25　短梢修剪树的新梢绑扎

4.2.3 摘心

在即将开花前进行摘心,可抑制新梢的生长,短时间使养分流向花穗、坐果良好,促进果实膨大。无籽栽培时,在即将开花前,对生长80厘米以上的新梢,在先端未展叶部分进行摘心。对生长80厘米以下的新梢,不摘心。有籽栽培时,在即将开花前,对生长超过12张叶片的新梢,先端轻摘心。

'阳光玫瑰'强摘心。'阳光玫瑰'在开花始期摘心,果粒膨大效果显著。短梢修剪树在穗前3节摘心(图4-26);长梢修剪树在穗前6节摘心(图4-27)。

图4-26　穗前3节摘心

摘心后的管理。一旦强摘心,会促进副梢发生。从摘心处顶端发生的副梢,仍然笔直向前生长,需不断绑扎(图4-28)。其他节位发生的副梢,对生长强的副梢留3叶摘心。已停止生长的竖立副梢,保持原状,不摘心,确保叶面积。

图4-27 穗前6节摘心　　　　　　　图4-28 摘心处顶端发生的副梢,笔直向前生长

4.3 花果管理

4.3.1 阳光玫瑰无核栽培花果管理

整穗。在即将开花到盛花时整穗,保留穗尖长度4厘米,剪去其余支梗(图4-29、图4-30)。

无核处理。处理适宜期为花穗100%开花至花全开后2天为止,用25毫克/升的赤霉酸加2~5毫克/升的氯吡脲浸穗处理(图4-31、图4-32)。处理前葡萄园浇水,使

图4-29 整穗前　　　　　　　　　　图4-30 整穗后

图4-31　全花开放

图4-32　全花开放后2天

土壤保持湿润状态,避开高温时段处理花穗。分批处理,用不同颜色夹子或牌子做不同时间处理标记。

果实膨大处理。在第1次无核处理后间隔10~15天,用25毫克/升赤霉酸或25毫克/升赤霉酸加2~5毫克/升氯吡脲浸穗处理(图4-33)。

控产定穗。生产精品果每亩产量控制在1 000~1 200千克。平均穗重600克,每亩留1 667~2 000穗,在第2次赤霉素膨大处理前完成定穗(图4-34)。

图4-33　赤霉酸处理

图4-34　控产定穗

预备疏果。第1次无核处理后4~5天,在确认坐果的基础上,调整着生果粒轴长为5~10厘米,保留穗尖小支梗12~16个,剪去果穗上部支梗(图4-35、图4-36)。同时疏去向内侧生长的果粒及小粒果、受伤果,避开高温时间疏果。

最终疏果。第2次赤霉酸处理前后进行最终疏粒。保留穗尖部,着生果粒部分轴长调整为7~12厘米,每穗留35~50粒,肩部适当多留果粒,形成紧凑型的果穗(图4-37至图4-39)。抓住穗轴疏果,避开高温时间疏果。

图4-35　调整穗轴长度前　　　　　　　　图4-36　调整穗轴长度后

图4-37　穗轴长度调整前　　　图4-38　穗轴长度调整为　　　图4-39　最终疏果后，每穗
　　　（第2次）　　　　　　　7~12厘米（第2次）　　　　　保留35~50粒

4.3.2 巨峰有核栽培花果管理

整穗。在即将开花到盛花时整穗，保留花穗水平支梗部分，穗轴长度为7~8厘米（支梗数量15~17个），剪去穗尖1~2厘米（图4-40、图4-41）。

控产。生产精品果每亩产量控制在1 000千克左右，平均果穗重400克，每亩最终留2 500穗。坐果后，尽早实施控产。

疏果。坐果后着生果粒部分轴长调整为10厘米，剪去果穗上部支梗，肩部小支梗尽量靠近同一层面。疏除向外突出的果粒、无核果、小粒果，留下果梗粗的果粒（图4-42、图4-43）。1穗留35粒左右。

图4-40　整穗前

图4-41　整穗后

图4-42　疏果前

图4-43　疏果后

4.2.3 夏黑花果管理

整穗拉穗。在即将开花到始花时整穗,保留穗尖7~8厘米,剪去其余支梗(图4-44、图4-45)。新梢生长8~9叶时,用10~15毫克/升的赤霉酸浸穗处理。

无核保果。花穗90%或穗尖少量未开时,用35~40毫克/升的赤霉酸浸穗处理,如需提高坐果率,用35~40毫克/升的赤霉酸加2~5毫克/升的氯吡脲浸穗处理。处理前葡萄园浇水,土壤保持湿润状态,避开高温时段处理花穗。分批处理,用不同颜色夹子做不同时间处理标记。

膨大处理。在无核保果处理后间隔10~15天,用50毫克/升的赤霉酸加2~5毫克/升的氯吡脲浸穗处理。

图4-44　整花穗前

图4-45　整花穗后

控产。每亩产量控制在1 000~1 200千克。平均穗重500~600克,每亩留2 000~2 400穗。在第2次赤霉酸处理前完成定穗。

疏果。1穗留60~75粒。剪去果穗上部支梗、向内侧生长的果粒,形成圆柱形穗形(图4-46、图4-47)。

图4-46　疏果前

图4-47　疏果后

4.3.4 套袋

套袋可减轻果实病害发生,防止果实污染,防止鸟害、日灼,提高葡萄外观品质。

时期。疏果完成后,及时套袋。

套袋要点。'阳光玫瑰'2~4年生幼树宜套绿色葡萄专用袋(图4-48),5年以上成年树可选用白色或绿色葡萄专用袋,但葡萄园外围光线较强时宜选用绿色葡萄专用袋。'巨峰'和'夏黑'选用白色葡萄专用袋(图4-49)。口袋要牢固地套在果梗上,不要与果穗肩部摩擦。阳光直射口袋的地方,可通过新梢诱引在口袋上方,进行遮阴;也可以在口袋上面再套牛皮纸伞遮阴(图4-50)。黄绿色和紫黑色品种,套袋直至采收。红色品种,采收前2周,去袋换套乳白色伞或者透明伞,促进着色(图4-51)。

图4-48 '阳光玫瑰'套绿色葡萄专用袋

图4-49 '巨峰'套白色葡萄专用袋

图4-50 葡萄白色袋上面套牛皮纸伞

图4-51 红色葡萄品种套透明伞

4.4 土肥水管理

4.4.1 土壤改良

土壤是葡萄生长的基础,其理化环境和肥力水平直接影响着葡萄的生长和果实品质的好坏。土壤肥力偏低、板结及次生盐渍化严重影响葡萄品质、产量及抗性等(图4-52)。

土壤有机质的重要性

施用有机肥。合理增施有机肥既能增加葡萄树体养分的积累,促进花芽分化,提高植株的抗逆性,还能增加土壤有机质,改善土壤理化性质,促进根系生长,为翌年葡萄的稳产优质打下坚实的基础。有机肥作为基肥的

图4-52 葡萄园土壤板结与次生盐渍化现象

秋施基肥改良土壤

最佳施用时间在9月中下旬至10月中下旬。基肥一般采用开条沟施入,以距离主根系40~60厘米开沟最适宜,一般沟宽30厘米,深度30~50厘米。开沟时表土、生土分开堆放。施肥前,可以先回填一层10厘米厚的表土,然后施入基肥,再填入表土,然后将土、肥搅拌

一遍,将生土回填至沟平,余土可做埂(图4-53)。施肥结束后要灌透一次水,可加快根系愈合,利于肥效发挥。根据葡萄园土壤肥力状况,一般每亩施商品有机肥1~2吨或农家有机肥3~4吨或施腐熟菇渣8~10吨。农家有机肥和腐熟菇渣施用前一定要彻底腐熟,否则容易造成烧根。合理选择施肥沟位置,避免因距离葡萄主干过近开沟而伤害主根。基肥施用后一定要浇透一次水,一般的降水不能取代浇水。基肥尽量避免连续多年在同一个地方施用,否则容易造成根系生长受阻而腐烂枯死。开沟施肥后应及时翻耕、回填土壤,防止根系因开沟暴露在空气中太久而失水干枯。

图4-53　葡萄园有机肥沟施与覆土

农家肥。优先选用经充分腐熟后的羊粪和牛粪。鸡粪和猪粪相对含有更高的盐分,建议不要连续多年施用。所有农家肥施用前必须腐熟,未经腐熟的有机肥在土壤里腐熟分解的过程中会产生大量的热量和有害物质,从而损伤根系。

商品有机肥。可选用添加有益微生物的有机肥,快速补充土壤有益菌,降低土壤有害菌的数量,减少病害发生。缺点是价格较高。

腐熟菇渣。秋季土施经堆积发酵腐熟的菌菇渣能有效提高土壤中有机质和养分含量,提高土壤的疏松度,有利于葡萄根系的生长和发育,从而提高葡萄的产量和品质(图4-54、图4-55)。

生草技术。生草可改善土壤质地和葡萄园生态环境。减少水分蒸发和流失,夏季降低葡萄园土温3~5℃,可抑制恶性杂草生长,便于机械化管理,减轻除草带来的劳动强度和用药成本。分为自然生草和人工生草2种模式。自然生草距离葡萄树干30~50厘米的行间保留适宜量的自然优势草种,行内及树盘周围清耕或免耕(图4-56);人工生草距离葡萄树干30~50厘米的行间依据实际情况播种适宜的牧草,行内及树盘周围清耕或免耕(图4-57)。

图4-54 葡萄园秋季施用菌菇渣有机肥

图4-55 葡萄园秋季施用腐熟
的有机肥

可以疏松土壤的草木——禾本科植物

图4-56 自然生草

图4-57 人工生草

　　自然生草投入少，对灌溉条件要求不高，但果农对草没有可选性。而人工生草对投入成本和园区管理要求相对较高，可以挑选综合效果好的草进行种植。人工生草一般可在春季或秋季进行。当土壤温度稳定在15~20℃以后进行播种，同时增加灌水频次，保持土壤湿润，可有效提高出苗率、促进幼草生长。在园地进行播种前，应清除葡萄园内的所有杂草，之后深翻地面20厘米土层。当墒情不足时，翻地前要灌水补墒，翻后要整平地面。条播、撒播均可，其中条播相对便于管理。草种宜浅播，一般播种深度建议在0.5~1.5厘米之间，禾本科草类播种时可适当增加播种深度，一般可达3厘米左右。撒播完后可用麦草进行覆盖，但不宜用大水漫灌。葡萄园内生草初期，争水争肥矛盾比较突出，因此要严格控制草体的生长区域。在葡萄定植带1米内保持清耕带，同时当草生长至30厘米左右高度时，及时刈割，覆盖于树盘，草留茬高度5~10厘米。

　　葡萄园生草要求草的高度低矮、生长迅速、产草量大、需肥量小，最好选择有固氮作用的豆科植物，没有或很少发生与葡萄相同的病虫害。目前适合葡萄园种植的草主要有苜蓿、白车轴草（白三叶）、紫云英、高羊茅、黑麦草、鼠茅、野燕麦、小冠花、百脉根、毛苕子等（图4-58）。

| 苜蓿 | 高羊茅 | 黑麦草 | 鼠茅 |

图4-58　适合葡萄园生草类型（部分）

4.4.2 水肥一体化

葡萄生长对肥水管理要求高。尤其设施栽培，必须配套水肥一体化技术。水肥一体化是在葡萄生长阶段通过灌溉系统进行施肥，使得葡萄在吸收水分的同时获取肥料中的养分（图4-59）。与灌溉同时进行的施肥通过压力作用，将肥料以水溶肥的形式注入输水管道，通过灌水器（如喷头、微喷头和滴头等），将肥料均匀喷洒或滴入根区。

水肥一体化系统具有许多优点，包括节省施肥劳力90%以上（图4-60）。在葡萄根区范围内精准施肥，可显著提高肥料利用率。灵活、准确控制施肥时间和用量，有利于实现葡萄标准化、省力化和智能化栽培等。滴灌施肥因其具有更加精准地供水供肥、节省劳动力等特点，已成为在葡萄生产中使用最广的水肥一体化技术（图4-61）。

基本组成。水肥一体化通常包括灌溉系统、施肥系统及水溶性肥料3个组成部分，灌溉方式可采用管道灌溉、喷灌、微喷灌、泵加压滴灌、重力滴灌、渗灌、小管出水等。水肥一体化设备通常由首部设备、管道阀门系统、滴灌毛管等部分组成。灌溉施肥的程序通常分为3个阶段：第一阶段为选用不含肥的水湿润；第二阶段为施用肥料溶液灌溉；第三阶段为用不含肥的水清洗灌溉系统。

合理使用要点。肥料的添加种类、数量和比例是影响水肥一体化效率的重要因素。

不同水肥需求的滴灌带铺设方法

图4-59　设施葡萄园中的水肥一体化管理

图4-60　葡萄园水肥一体化系统设备

图4-61 葡萄园内常用的水肥一体化吊喷和滴灌系统

当水肥合理配合施用时,水分和肥料之间的交互作用能够有效提高葡萄的产量和品质,施肥有明显的调水作用,而灌水也有明显的调肥作用。具体的水肥用量应当依据葡萄园区环境与土壤情况、葡萄对养分的消耗规律、不同葡萄品种对水分和养分的需求特点来确定。水肥一体化技术对肥料要求很高,一般要求溶解性好、杂质少的工业级产品。但相比使用农用级肥料产品,增加了费用。水肥一体化对施肥量、施肥时间及灌溉设备等管理技术有着很高的技术要求。

'阳光玫瑰'
剪枝(冬剪)

4.5 整形修剪

冬季修剪在休眠期进行。落叶后2周开始修剪。根据不同品种花芽着生情况进行修剪,一般分为短梢修剪(留1~3芽)、中梢修剪(留4~6芽)和长梢修剪(留7芽以上)。

4.5.1 短梢修剪

在保证果实品质的同时,使管理作业简单化、省力化。短梢修剪适合'阳光玫瑰''夏黑''巨峰'等品种的无核栽培。结果母枝留1~2芽修剪,主枝同侧结果母枝之间的距离约20厘米。短梢修剪的树形主要有"一"字形、"H"形、"WH"形、"王"字形(图4-62、图4-63)。

剪枝(冬季)

图4-62 短梢修剪——1芽修剪

图4-63 短梢修剪——2芽修剪

剥去葡萄枝干的老翘皮（冬季清园）

葡萄刻芽

"一"字形整形修剪。是最简单的整形方法,容易培养主枝。早期产量较高,能快速成园。一主干,二主枝,第1主枝和第2主枝各生长6~9米,2根主枝合计总长度为12~18米时,完成"一"字形整形。

第1年情况见图4-64至图4-69。

图4-64 小苗定植后新梢笔直生长

图4-65 新梢超水平棚面15厘米摘心

图4-66 新梢在主枝固定铁丝以下5厘米处摘心

图4-67　在紧靠摘心口下部2节　图4-68　冬季修剪前　　图4-69　冬季修剪后
发生2根副梢，培养成第1主枝
和第2主枝

第2年情况见图4-70至图4-73。

图4-70　第1主枝和第2主枝继续向前生长，其　　　图4-71　冬季修剪前
余新梢与主枝呈垂直角度生长

图4-72　冬季修剪后　　　　　　　图4-73　完成"一"字形整形

"H"形整形修剪。一主干，四主枝，各主枝生长5~7米时，完成"H"形整形。

第1年情况见图4-74、图4-75。

图4-74　培养第1主枝和第2主枝

图4-75　冬季修剪后

第2年情况见图4-76至图4-78。

图4-76　培养第3~4主枝

图4-77　第2年冬季修剪前

图4-78　第2年冬季修剪后

第3年情况见图4-79至图4-81。

图4-79　继续培养第1~4主枝

图4-80　冬季修剪后

图4-81　完成"H"形整形

"WH"形整形修剪。一主干,八主枝,各主枝生长5~7米时,完成"WH"形整形(图4-82、图4-83)。

| 图4-82 "WH"形整形的生长期 | 图4-83 完成"WH"形整形 |

"王"字形整形修剪。一主干,六主枝,各主枝生长5~7米时,完成"王"字形整形(图4-84至图4-87)。

'阳光玫瑰'葡萄"王"字形

图4-84 第1~2年培养第1主枝和第2主枝

图4-85 第2年培养第3主枝和第4主枝

图4-86 第3年培养第5主枝和第6主枝

图4-87 完成"王"字形整形

4.5.2 长梢修剪(图4-88)

灵活有效利用棚面,选留结果母枝。使果实品质稳定,树势容易调节,适合所有葡萄品种。

图4-88　长梢修剪

"X"形整形。一主干,四主枝,各主枝占有棚面的比例为:第1主枝占36%、第2主枝和第3主枝分别占24%、第4主枝占16%。

第1年情况见图4-89至图4-93。

图4-89　小苗笔直生长

图4-90　新梢向棚面诱引,培养成第1主枝

图4-91　培养第1主枝和第2主枝

图4-92　冬季修剪前

图4-93　冬季修剪后

第2年情况见图4-94至图4-96。

图4-94　培养第2主枝

图4-95　冬季修剪后

图4-96　完成"X"形树形

5

葡萄主要病虫害及
绿色防控技术

5.1 葡萄主要病虫害

5.1.1 病害

白粉病（图5-1至图5-4）。危害叶片、枝梢、果实等部位。叶片受害后在正面产生不规则、大小不等的褪绿色或黄色小斑块，叶片正面和反面均可见一层白色粉状物，严重时粉状物布满全叶，叶片不平，逐渐卷缩枯萎脱落。新梢、果梗及穗轴受害时，初期表面出现不规则斑块并覆有白色粉状物，穗轴、果梗变脆，枝梢生长受阻。果实受害时，先出现褪绿色斑块，果面出现星芒状花纹，其上覆盖一层白色粉状物，病果停止生长或变为畸形果，易导致裂果、果肉味酸。一般5月下旬至6月上旬开始发病，6月中下旬至7月下旬为发病盛期。干旱的夏季和温暖、潮湿、闷热的天气易导致该病发生。避雨栽培的葡萄发生重于露地栽培的。

图5-1　白粉病病叶

图5-2　白粉病病果

图5-3　白粉病病粒

图5-4　果实感染白粉病开裂

灰霉病(图5-5、图5-6)。一年中有3次发病高峰,第1次在开花前后,5月中旬至6月上旬,主要危害花。花序受害初期似热水烫状,后变暗褐色,病部组织软腐,表面密生灰霉,被害花序萎蔫。第2次发病高峰在果实转色至成熟期,病菌最易从伤口侵入,果粒、穗轴上出现凹陷的病斑,很快果穗软腐、果梗变黑,形成鼠灰色霉层。第3次在采后贮藏过程中,若管理不当,则会发生灰霉病,发病时有明显的鼠灰色霉层,造成果穗腐烂,损失极大。多雨潮湿、冷凉天气及果园高湿环境利于该病发生。露地、避雨栽培的葡萄均可发生。

图5-5 灰霉病侵染果穗花序

图5-6 灰霉病病果

炭疽病(图5-7、图5-8)。以危害果实为主,果实越近成熟,发病越快。葡萄花穗期即可感染炭疽病,受炭疽病侵染的花穗自花顶端小花开始,顺着花穗轴、小花、病菌小花梗侵染,初为淡褐色湿润状,逐渐变为黑褐色并腐烂,有的整穗腐烂。降水多、空气湿度大的条件下易感病。果实受侵染后一般转变颜色,到成熟期才陆续出现症状。大多

图5-7 炭疽病侵染果穗

图5-8 炭疽病病果

在果实的中下部出现水渍状淡褐色或紫色小斑点,初为圆形或不规则形,后病斑逐渐扩大,直径可达 8~15 毫米,并转变为黑褐色或黑色,果皮腐烂并明显凹陷,边缘皱缩呈轮纹状。染病和健全组织交界处有僵硬感。空气潮湿时,病斑上可见橙红色黏稠状小点,为分生孢子团。后期在粉红色的分生孢子团之间或其周围偶尔可见灰青色的小粒点,为有性阶段子囊壳。发病严重时,病斑可扩展至半个或整个果面,或数个病斑相连引起果实腐烂,腐烂的果实易脱落。葡萄炭疽病菌有潜伏侵染特性。当病菌侵入绿色部分后即潜伏、滞育、不扩展,直到寄主衰弱后,病菌重新活动而扩展。因此,病菌主要以菌丝体在一年生枝蔓表层组织及病果上越冬,第二年春季温度回升到 20℃以上时,带菌枝蔓经雨水淋湿后,形成大量孢子,借风雨传播,发生初侵染。从花穗、幼果期初侵染后,至果实着色近成熟时发病,田间陆续发病至采收结束。露地、避雨栽培的葡萄均可发生。

霜霉病(图 5-9 至图 5-11)。露地栽培葡萄的重要病害,整个生长季节易被多次侵染,一般有 3 个发病高峰,分别为 6—7 月梅雨季节、8 月中下旬、9—10 月。多雨、潮湿、22~25℃条件下易发生,在露地栽培的葡萄上发生较重,主要危害叶片,也危害新梢、叶柄、卷须、幼果、果梗及花序等幼嫩器官组织。早期发病可使新梢、花穗枯死;中、后期发病可引起早期落叶或大面积枯斑而严重削弱树势,影响下年产量。叶片染病后在反面形成密集的白色霜状物,这是该病的典型特征。新梢侵染初期,叶柄、卷须、幼嫩花穗由于病菌形成孢子变白色,后期变褐枯死。果粒染病后果色变灰,表面布满霜霉。病菌主要以卵孢子在病残组织内越冬,卵孢子的抗逆力很强,病残组织腐烂后落入土壤中的卵孢子能存活 2 年。越冬的卵孢子经过 3 个月的休眠后,当降水量达 10 毫米以上、土温 15℃左右时开始萌发,成为春天的最初传染源。当有雨、露、雾和湿度达到 95% 以上

图5-9　霜霉病侵染果花穗

图5-10　霜霉病病叶

图5-11　霜霉病侵染果穗

时,病斑上长出成簇的孢囊梗和大量的孢子囊,进行再侵染。在整个生长季,会进行多次再侵染,使病情逐渐加重。品种间对霜霉病存在显著的差异,欧美杂交品种抗性较强,欧亚种抗性较差,欧亚种中的东方品种最敏感。

黑痘病(图5-12、图5-13)。又称"鸟眼病",在春夏两季多雨潮湿的地区发病较重,是露地栽培葡萄的主要病害。该病主要危害葡萄的绿色幼嫩部分,如果实、果梗、叶片、叶柄、新梢和卷须等。嫩叶发病形成圆形或不规则形病斑,病斑中部凹陷,呈灰白色,边缘呈暗紫色,后期常干裂穿孔。新梢、叶柄、果柄发病形成长圆形褐色病斑,后期病斑中间凹陷开裂。幼果发病早期为圆形深褐色小斑点,后病斑扩大,中间凹陷呈灰白色,周围仍为深褐色,呈"鸟眼状"病斑。病菌以菌丝体在枝蔓、病梢、病果、病叶等部位越冬,第二年4—5月产生新的分生孢子,4—6月多雨高温易于分生孢子的形成,干旱少雨环境不利于病害发生。露地栽培的葡萄多发。

图5-12　黑痘病病叶

图5-13　黑痘病病果

白腐病(图5-14)。白腐病是引起葡萄果实腐烂的主要病害,主要危害果穗,也危害新梢、叶片等部位。果穗受害多发生在着色期,先从近地面的果穗开始发病,在穗轴和果梗上产生淡褐色、水渍状、边缘不明显的病斑,逐渐蔓延至整个果粒。果粒发病时,先在基部变淡褐色软腐,然后迅速使整个果实变褐腐烂,果面密布灰白色小粒点,严重发生时全穗腐烂,果梗穗轴干枯缢缩,受震易脱落。高温高湿的气候条件是该病发生和流行的主要因素,7—8月高温多雨,特别是遇暴风雨或

图5-14　白腐病病果穗

冰雹后,易引起白腐病流行。露地、避雨栽培的葡萄均可发生。

穗轴褐枯病(图5-15)。主要危害花序和幼穗,果粒发病较少,穗轴老化后不易发病。幼穗的穗轴上先产生褐色水浸状斑点,后迅速扩展至穗轴坏死,果穗随之萎缩脱落。春季花期低温多雨,幼嫩组织木质化慢,易被病菌浸染危害。地势低洼、偏施氮肥、通风透光不良、管理粗放的果园易发病。露地、避雨栽培的葡萄均可发生。

图5-15 穗轴褐枯病侵染花穗

溃疡病(图5-16、图5-17)。引起果实腐烂、枝条溃疡,果实在转色期出现症状,穗轴出现黑褐色病斑,向下发展引起果梗干枯致使果实腐烂脱落,有时果实不脱落,逐渐干缩。主要通过雨水传播,开花前后遇低温多雨天气或棚内湿度过大时,容易发病,树势弱的植株更容易感病。露地、避雨栽培的葡萄均可发生。

图5-16 溃疡病侵染果梗

图5-17 溃疡病侵染枝蔓基部

5.1.2 虫害

绿盲蝽(图5-18、图5-19)。成虫和若虫刺吸葡萄幼嫩器官的汁液,被害幼叶最初出现细小黑褐色坏死斑点,叶片长大后形成小孔洞,芽叶伸展后,叶面呈不规则孔洞,叶缘残缺破烂,严重时叶片扭曲皱缩。花蕾被害后产生小黑斑。刺吸果实汁液后,幼果产生黑色斑点,随着果实增大,果面的坏死斑也越来越大,导致商品性下降。以卵在冬作豆类、苕子、苜蓿、木槿等作物或者桃、葡萄、石榴等枯断枝茎内及剪口髓部越冬。当翌年4月上旬温度上升、空气相对湿度高于70%时,越冬卵开始孵化,起初在蚕豆、胡萝卜及杂草上危害,5月开始危害葡萄。5月上旬出现成虫,并开始产卵,产卵期长达19~30

图5-18　绿盲蝽成虫　　　　　　　　　　　图5-19　绿盲蝽危害叶片

天,卵孵化期6~8天,成虫寿命最长,可达45天,9月下旬开始产卵越冬。发生期不整齐,成虫飞翔能力强,喜食花蜜,春秋两季危害较重,潮湿环境下易发生。露地、避雨栽培的葡萄均可发生。

　　叶蝉(图5-20、图5-21)。成虫、若虫群集于叶片背面吸食危害,葡萄展叶后和休眠前均可危害。喜在郁闭处危害叶片,一般先从枝蔓中下部老叶片和内膛开始逐渐向上部和外围蔓延。叶片受害后,正面呈现密集的白色小斑点,受害严重时,小白点连成大的斑块,严重影响叶片的光合作用,造成葡萄早期落叶、树势衰退,影响当年至翌年果实产量和品质。1年发生3代,以成虫在葡萄园附近的石缝、落叶、杂草中过冬,翌年葡萄发芽前,先在园边发芽早的苹果、樱桃、梨、山楂等果树上吸食嫩叶汁液,葡萄展叶花穗出现后转移葡萄上危害。以8月上中旬发生最多,危害较重,不喜欢危害嫩叶,叶片背面光滑无茸毛的欧洲品系受害重,一般通风不良的棚架、杂草丛生的葡萄园发生重。露地、避雨栽培的葡萄均可发生。

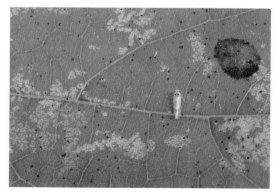

图5-20　叶蝉成虫　　　　　　　　　　　图5-21　叶蝉危害叶片

葡萄透翅蛾（图 5-22、图 5-23）。幼虫蛀食嫩梢和 1~2 年生枝蔓，致使嫩梢枯死或枝蔓受害部肿大呈瘤状，内部形成较长的孔道，蛀枝口外常有条状的黏性虫粪，被蛀食的茎蔓容易折断枯死。1 年发生 1 代，以老熟幼虫在葡萄枝蔓中越冬。5 月上旬开始羽化，羽化当日即可交尾产卵，卵单粒产于葡萄嫩茎、叶柄及叶脉处。初孵幼虫多从葡萄叶柄基部及叶节蛀入嫩茎，然后向下蛀食，转入粗枝后多向上蛀食。嫩枝受害后常肿胀膨大，老枝受害则多枯死，特别是主枝受害后易造成大量落果，严重影响产量。幼虫一般可转移 1~2 次，多在 7—8 月转移，在生长势弱、节间短及较细的枝条上转移次数较多。高龄幼虫转入新枝后，常先在蛀孔下方蛀一较大的空腔，故受害枝条易折断和枯死。幼虫在危害期常将大量虫粪从蛀孔处排出。10 月以后，幼虫在被害枝蔓内越冬。露地、避雨栽培的葡萄均可发生。

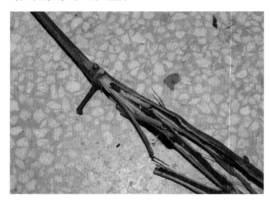

图5-22　葡萄透翅蛾幼虫钻蛀危害

图5-23　葡萄透翅蛾成虫

斑衣蜡蝉（图 5-24、图 5-25）。成虫和若虫群栖于树干或树叶上，叶柄处最多。吸食果树汁液，嫩叶受害后常造成穿孔，受害严重时叶片破裂，也容易引起落花落果，危害枝蔓后使枝条变黑。斑衣蜡蝉不只通过吸树汁危害，它的排泄物粘在叶片上，还容易招来霉

图5-24　斑衣蜡蝉低龄若虫

图5-25　斑衣蜡蝉低龄若虫群集在嫩梢及叶背处

菌，引起煤烟病。1年发生1代，以卵在枝蔓、架材和树干、老树皮下等处越冬，翌年4月上旬后陆续孵化为幼虫，蜕皮4次后于6月中旬羽化为成虫，危害随之加剧。8月中旬开始产卵，8—9月危害最重。该虫发生与气候相关，若8月和9月雨量少、气温高，则发生偏多；若秋季雨量多、湿度大、温度低，则发生不多。露地、避雨栽培的葡萄均可发生。

蓟马（图5-26）。主要危害花、幼果和嫩叶，1~2龄若虫和成虫以锉吸式口器取食，锉吸幼果和嫩叶的表皮细胞。幼果被害后，果皮出现黑点或黑斑块，以后被害部位随着果粒的增大而扩展形成黄褐色木栓化斑，严重时造成裂果。嫩叶被害部位呈水渍状黄点或黄斑，以后变成不规则穿孔或破碎。叶片受害后因叶绿素被损坏，而先出现褪绿的黄斑，后叶片变小、卷曲畸形，干枯有时出现穿孔。每年发生代数不一致，一般6~10代。以成虫或若虫在土缝中或杂草株间、葱地里越冬，翌年春季返青时开始活动。2龄若虫后期常转入地下，在表土中经历"前蛹"和"蛹"期，危害葡萄的主要是第2代。怕阳光，早晚或阴天出来危害，当气温25℃和相对湿度60%

图5-26　蓟马危害果实

时易发生，高温高湿不易发生，暴风雨可降低发生数量。露地、避雨栽培的葡萄均可发生。

害螨（图5-27）。成螨、幼螨、若螨群集叶背和嫩梢吸食汁液，被害叶出现黄白色失绿斑点，危害严重时，叶片向上卷，呈焦枯状，叶缘有蜘蛛网出现。3—10月均可发生，6—7月是危害高峰期，进入雨季虫口密度下降，高温干旱易发生。露地、避雨栽培的葡萄均可发生。

图5-27　害螨危害叶片

介壳虫（图5-28、图5-29）。成虫和若虫在老蔓翘皮下及近地面的细根上刺吸汁液进行危害，被害处形成大小不等的丘状突起。露地、避雨栽培的葡萄均可发生。

图5-28　介壳虫危害穗轴　　　　　　　　　　图5-29　介壳虫危害葡萄主干

5.2 非化学防控

病虫害防控早期可通过非化学防控措施降低田间病虫基数，减轻后期防治压力。

5.2.1 农业措施

避雨栽培。避雨设施栽培可有效降低园内湿度，"一"字形和"H"形高光效树形可改善园内通风透光条件，避免或减轻霜霉病、灰霉病、黑痘病等病害发生（图5-30）。

图5-30　避雨设施

科学管理。标准化管理，适期疏花疏果，保持合理叶果比，加强水肥管理，雨后及时排水降渍，增强植株抗病抗逆能力（图5-31、图5-32）。

图5-31 合理疏花疏果

图5-32 标准化栽培

果园清洁。葡萄生长季节,及时清除枯枝叶和病果叶,保持果园清洁。选择晴天整理树势、修剪枯老枝蔓,修剪口应使用广谱性杀菌类药物涂抹防护,修剪后对果园进行彻底清理。加强秋季和冬季清园管理,剥去老树皮,枝干涂白(图5-33),将枯残枝、叶、果和剪掉的枝条带到果园外集中处理,或采用枝条粉碎机进行粉碎,减少果园内越冬病虫基数(图5-34)。

图5-33 枝干涂白

图5-34 剪枝粉碎处理

耕翻土壤。结合秋冬季施肥,对土壤表层进行耕翻,耕翻深度为15~20厘米,靠近根基部的10~15厘米。通过耕翻,可以将土壤内部的病原菌和落地越冬的害虫暴露于表层,利用紫外线、低温、生物等措施进行杀灭。耕翻应当在果园清理后到土壤封冻前完成(图5-35)。

图5-35 耕翻土壤

5.2.2 综合诱杀

杀虫灯。在果园周围安装杀虫灯诱杀金龟子及鳞翅目害虫,每20亩安装1盏。从4月初越冬代或者1代成虫活跃初期至10月底入冬前使用,优先选择太阳能多功能风扇吸式智能捕虫灯,在捕杀鳞翅目害虫的同时更好保护害虫的天敌(图5-36、图5-37)。

图5-36　太阳能风吸式杀虫灯　　　　　　图5-37　杀虫灯诱杀成虫

性诱剂。从4月份开始悬挂绿盲蝽、葡萄透翅蛾、橘小实蝇等性诱产品,每亩悬挂2~3个,每月定期更换诱芯,减少园内虫量基数的同时,作为适期开展化学防治的依据(图5-38、图5-39)。

图5-38　性诱剂诱杀绿盲蝽　　　　　　图5-39　性诱剂诱杀葡萄透翅蛾

色板。葡萄谢花后,在果园外围或大棚进出口处悬挂色板,每亩悬挂10张黄板、10张蓝板,用于诱杀蚜虫、小绿叶蝉、蓟马等害虫,后期诱集虫量上升可适当增加悬挂密度,及时更换色板(图5-40)。

图5-40　色板诱杀害虫

食诱剂。有果蝇发生的果园,可采用食诱技术进行防控,葡萄谢花后每2~3亩挂1个诱捕桶,监测到果蝇成虫后每亩悬挂20个饵剂及诱捕袋,诱剂20天更换1次,直至采收结束(图5-41、图5-42)。

图5-41　果蝇食诱剂诱捕桶

图5-42　果蝇食诱剂诱捕袋

5.2.3 生物物理防控

捕食螨。通过在果园释放生物天敌捕食螨控制葡萄害螨发生危害（图 5-43）。3—9 月平均每叶虫卵量少于 2 头时均可使用，害螨发生严重的果园要在药剂清园 15 天后再释放。

图5-43　释放捕食螨

果园控草。在果园局部覆盖地膜或园艺地布，可以在控制杂草发生的同时降低园内湿度（图 5-44、图 5-45）。

果实套袋。疏果之后 7 天内进行果实套袋，物理阻隔病虫危害，同时防止日灼（图 5-46）。套袋前，喷施化学药剂进行预防。

图5-44　地膜覆盖

图5-45　园艺地布覆盖

图5-46　果实套袋

应用防鸟网。从幼果期开始放置防鸟网,优先选用蓝色和橘红色且网目大小3.0~4.5厘米的防鸟网(图5-47)。用支架撑起,对果园全园覆盖,防止鸟类啄食果实。

图5-47　覆盖防鸟网

5.3 化学防控

抓住葡萄生长关键物候期用药,提前预防保护,优化药剂结构,提高化学防治效果。

避雨栽培主要防治对象。白粉病、炭疽病、穗轴褐枯病、绿盲蝽、害螨、蓟马、叶蝉、蜡蝉。

露地栽培主要防治对象。霜霉病、灰霉病、黑痘病、炭疽病、绿盲蝽、蓟马。

化学防治注意事项。一是注意药剂轮换使用,同一种药剂1个生长季使用不超过2次;二是选择晴天、无雨天气的早上和傍晚进行化学防治,生物药剂选择傍晚喷施;三是幼果期及套袋前避免使用乳油及粉剂农药剂型,以免产生药斑影响果品外观;四是农药配制时注意用水量,喷施时叶片正面和反面喷透;五是应及时更换喷头喷片,以保证喷药雾化效果。

防治时间及药剂使用见表5-1。

表5-1 防治时间及药剂使用

生育期	避雨栽培	露地栽培
绒球期	喷施3~5波美度石硫合剂1次	喷施3~5波美度石硫合剂1次
萌芽展叶期	杀菌剂+杀虫剂(各选一)。杀菌剂:嘧菌酯、醚菌酯、吡唑醚菌酯、氟吡菌酰胺、双炔酰菌胺、代森联、福美双等复配剂。杀虫剂:氟啶虫胺腈、噻虫嗪、螺虫乙酯、高效氟氯氰菊酯、阿维菌素等复配剂	杀菌剂防治2次,可选用吡唑醚菌酯、烯酰吗啉、咪鲜胺、氟吡菌酰胺、环酰菌胺、咯菌腈、啶酰菌胺、代森联、福美双等复配剂。杀虫剂防治1次,可选用氟啶虫胺腈、噻虫嗪、螺虫乙酯、高效氟氯氰菊酯、阿维菌素等复配剂
花期	免疫诱抗剂2~3次,生物药剂1次,不能与化学药剂混用。杀菌剂:哈茨木霉菌、苦参碱、丁子香酚。杀虫剂:苦皮藤素、金龟子绿僵菌、阿维菌素	花前、花后各防治1次。杀菌剂:吡唑醚菌酯、烯酰吗啉、咪鲜胺、氟吡菌酰胺、环酰菌胺、咯菌腈、啶酰菌胺、代森联、福美双等复配剂,花后可选择波尔多液与杀菌剂交替使用。杀虫剂:氟啶虫胺腈、噻虫嗪、螺虫乙酯、高效氟氯氰菊酯、阿维菌素等复配剂
幼果期(套袋前)	套袋前防治1~2次,同时使用杀菌剂和杀虫剂,化学药剂与生物药剂不能混用。杀菌剂:吡唑醚菌酯、苯醚甲环唑、啶酰菌胺、肟菌酯、氟唑菌酰羟胺、吡唑萘菌胺、蛇床子素、大黄素甲醚、枯草芽胞杆菌等复配剂。杀虫剂:氟啶虫胺腈、噻虫嗪、螺虫乙酯、高效氟氯氰菊酯、联苯肼酯、阿维菌素、苦参碱、苦皮藤素、金龟子绿僵菌、乙基多杀菌素等单剂或复配剂	套袋前防治2次(同时使用杀菌剂和杀虫剂)。杀菌剂:吡唑醚菌酯、烯酰吗啉、咪鲜胺、氟吡菌酰胺、环酰菌胺、咯菌腈、啶酰菌胺、代森联、福美双、哈茨木霉菌、丁子香酚等复配剂,当中交叉使用波尔多液。杀虫剂:氟啶虫胺腈、噻虫嗪、螺虫乙酯、高效氟氯氰菊酯、联苯肼酯、阿维菌素、苦参碱、苦皮藤素、金龟子绿僵菌、乙基多杀菌素等单剂或复配剂

生育期	避雨栽培	露地栽培
套袋后	重点监测螨类害虫和叶蝉危害，必要时使用生物杀虫剂1~2次	视病虫害发生情况选用生物药剂，降水后重视霜霉病防治
采收后	—	百菌清、甲基硫菌灵、代森锰锌、代森联、嘧菌酯、烯酰吗啉等
休眠期	3~5波美度石硫合剂清园	3~5波美度石硫合剂清园

主要病虫害化学农药及使用方法见表5-2。

表5-2　主要病虫害化学农药及使用方法

农药通用名	防治对象	制剂用药量	安全间隔期/天
啶酰菌胺	灰霉病	50%水分散粒剂500~1 000倍液	7~10
嘧菌环胺	灰霉病	40%悬浮剂400~700倍液	14
嘧霉胺	灰霉病	40%悬浮剂1 000~1 500倍液	7
咯菌腈	灰霉病	70%水分散粒剂2 500~4 500倍液	14
克菌丹	霜霉病	50%可湿性粉剂400~600倍液	7
唑醚·氟酰胺	灰霉病、白粉病	42.4%悬浮剂2 500~4 000倍液	7
氯氟醚·吡唑酯	炭疽病	400克/升悬浮剂1 500~2 500倍液	7
苯甲·吡唑酯	白粉病	40%悬浮剂1 500~2 000倍液	14
唑醚·代森联	霜霉病、白腐病	60%水分散粒剂1 000~2 000倍液	7
烯酰·唑嘧菌	霜霉病	47%悬浮剂1 000~2 000倍液	7
苯醚甲环唑	炭疽病	10%水分散粒剂800~1 300倍液	21
肟菌酯	白粉病	50%水分散粒剂1 500~2 000倍液	7
戊菌唑	白粉病	10%水乳剂2 000~4 000倍液	28
嘧菌酯	黑痘病、霜霉病、白腐病	250克/升悬浮剂830~1 250倍液	14
氟环唑	白粉病	30%悬浮剂1 600~2 300倍液	30
氯氟醚菌唑	炭疽病	400克/升悬浮剂2 000~3 000倍液	7
己唑醇	白粉病	5%微乳剂1 500~2 000倍液	21
噻虫嗪	介壳虫	25%水分散粒剂4 000~5 000倍液	7
氟啶虫胺腈	盲蝽蟓	22%悬浮剂1 000~1 500液	14

葡萄贮藏保鲜、
冷链物流与销售

- -
- -
- -
- -
- -
- -

6.1 葡萄贮藏保鲜

6.1.1 葡萄果实采收贮藏前准备

提前选好田间病害防控和肥水管理较好的葡萄园，注意田间灌溉水、雨水和采前结露水等"三水"对贮藏的影响，采前 7~10 天内停止浇水，遇雨适当延迟采收，在田间露水干后采收。提前搞好保鲜装备调试，做好保鲜包装材料与容器及保鲜剂与消毒剂的准备，对贮藏场所进行提前消毒，提前把冷库温度降至 –1℃，预冷间降至 0℃。提前对采收和冷库操作人员进行培训，合格后上岗。

做好田间病害与肥水管理，培育无病健康葡萄果穗（图 6-1 至图 6-3）。

图6-1　机械喷施农药防治病害　　　　图6-2　人工喷施农药防治病害

图6-3　物联网肥水一体化管理

做好保鲜装备调试及保鲜包装材料与容器、保鲜剂、消毒剂的准备（图 6-4 至图 6-13）。

图6-4　冷库温度与除霜设定

图6-5　手机温度、湿度
无线远程观察与调控

图6-6　保鲜垫（剂）准备

图6-7　吸水纸准备

图6-8　无纺布袋（折封、拉绳封）准备

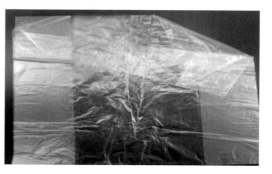

图6-9　塑料保鲜袋准备

图6-10　泡沫衬垫网准备

图6-11　库房消毒剂准备

图6-12　塑料箱和纸箱准备

图6-13　泡沫箱准备

做好操作人员培训（图6-14、图6-15）。

图6-14　现场培训

图6-15　会议培训

做好库房消毒（图6-16）。

图6-16 库房消毒

6.1.2 果实采收

挑选达到成熟度（可溶性固形物16%~18%）的果实进行无伤采收（图6-17、图6-18）。

图6-17 果实糖度测定确定采收期

图6-18 葡萄果穗采收

6.1.3 果实挑选、修整和分级

挑选适合贮藏的葡萄进行修整，将病果、伤果和缺陷果剔除，按果实品质或果实大小进行分级（图6-19、图6-20）。

图6-19 常温车间挑选、修整和分级

图6-20 冷凉车间（15~18℃）包装挑选、修整和分级

6.1.4 塑料袋衬里装箱

把葡萄按不同级别归类装入塑料袋衬里的包装箱,包装箱底部放入适当缓冲和吸湿衬垫材料,一般要求葡萄单层装箱(图6-21至图6-27)。

图6-21　套无孔塑料保鲜袋

图6-22　放入吸水纸

图6-23　放入发泡网

图6-24　半斜放装箱

图6-25　平放双层装箱

图6-26　平放单层装箱

图6-27　散穗葡萄近单层装箱

6.1.5 预冷

将符合标准装箱后的葡萄移入预冷库进行预冷,使果实温度降到2℃以下,一般预冷时间在12~24小时范围内(图6-28至图6-31)。

图6-28　建设专用预冷库

图6-29　用果肉温度计检测预冷达到的果温

图6-30　预冷的品字形码垛

图6-31　预冷的十字形码垛

6.1.6 保鲜处理

在预冷结束后根据每箱葡萄装量按说明书放入适量葡萄保鲜剂,包装箱上部也要放入适当缓冲和吸湿衬垫材料,然后对袋口进行扎封或卷封(图6-32、图6-33)。

图6-32　预冷后的葡萄箱放入保鲜垫

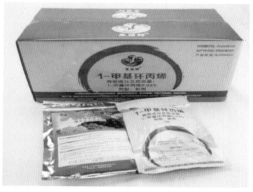

图6-33　预冷后的葡萄箱放入果梗护绿剂

6.1.7 冷藏库贮藏

将预冷好的葡萄堆放在托盘上,用叉车转入冷藏库贮藏,入库后要进行合理码垛,使垛内和垛间能进行充分的通风换气,库内贮藏量为库容的50%~70%,防止超量入贮(图6-34至图6-37)。

图6-34　单机单蒸发器冷却微型节能冷库

图6-35　单机双蒸发器冷却微型节能冷库

图6-36　电动叉车转运

图6-37　专用低温冷藏库
（−1.5~0℃）

6.1.8 贮藏管理

按葡萄冷藏管理规则进行正常管理并定期进行质量检查(图6-38至图6-43)。使用精度为0.1℃的电脑控温仪,并在使用前进行校对,把温度设定在−1±0.5℃,并使库温达到稳定、精准和安全。冷库不同位置设置精度为0.1℃的气象水银温度计作为温度管理的辅助措施。及时并彻底搞好冷库除霜管理。及时排除电力和制冷机故障。此外,要定期进行果实品质检查,根据果实质量变化随时安排出库,避免超期贮藏。

图6-38 地面放垫板便于通风

图6-39 纸箱留缝隙码垛便于通风

图6-40 泡沫箱留缝隙码垛便于通风

图6-41 开孔塑料箱自通风码垛

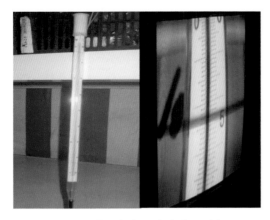

图6-42 精密气象温度计库温测定

图6-43 葡萄箱内温度检测

6.2 葡萄冷链物流与销售

6.2.1 出库包装

在选择适宜品种、达到贮藏品质、良好栽培和贮藏管理的基础上，葡萄保鲜期一般可达4~6个月。根据市场需求随时出库，并按订单提前3~5小时将葡萄放到有适当制冷的缓冲间进行分装，出库原则是先进先出，但也要兼顾质量变化情况（图6-44）。

图6-44　出库前精品包装

6.2.2 冷链运输

同城运输可使用简易保冷或常温运输方式，异地长途运输可用3℃以下的冷藏车运输，运至销售地最好在周转库存放（图6-45、图6-46）。

图6-45　干线冷藏运输

图6-46　支线冷藏运输

6.2.3 冷链销售

精品高档葡萄放在冷藏货架销售，在常温下销售的货架期是较短的（图6-47）。

图6-47　市场低温批发

7

鲜食葡萄加工
利用技术

葡萄有酿酒葡萄和鲜食葡萄之分。鲜食葡萄用于鲜食,但在实际种植过程中会产生不宜鲜食的非商品果,同时销售过程中会产生滞销果,非商品果和滞销果加在一起数量可观,如能加工利用,将会增加果农收入,促进葡萄产业持续健康发展。

7.1 鲜食葡萄蒸馏酒加工技术

大家对葡萄酒并不陌生,国产的张裕葡萄酒、长城葡萄酒、王朝葡萄酒等,进口的拉菲葡萄酒、奔富葡萄酒等,这些都是用上等的酿酒专用葡萄酿造的,用鲜食葡萄是酿不出高品质的葡萄酒的。根据试验研究,用鲜食葡萄可以酿造出品质极好的葡萄蒸馏酒及白兰地,并呈现不同品种葡萄特有的果香,深受消费者青睐,同时为大量的葡萄非商品果及滞销果找到了出路,为葡萄种植户稳定效益提供了保障,也为粮食安全做出贡献。鲜食葡萄蒸馏酒加工技术如下(图7-1):

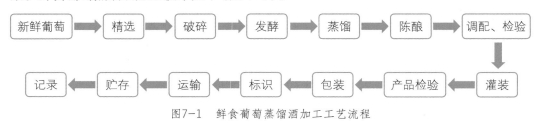

图7-1　鲜食葡萄蒸馏酒加工工艺流程

原料选择。所用葡萄要新鲜,成熟度高且一致具有该葡萄品种应有的色香味,无异味、无污染。

整理、去杂。将新鲜葡萄送入生产线,去除病果、烂果、青果、次果和杂物。

破碎。将经整理的新鲜葡萄用自动除梗破碎机除梗破碎,做到果肉碎而种子不碎,得到带皮的葡萄汁。

发酵。葡萄破碎得到的葡萄汁根据工艺要求,可皮汁混合发酵,也可清汁发酵,并视不同品种添加白砂糖1%~5%、酒石酸0.1%~0.3%、干酵母0.2~0.4克/千克和果胶酶0.01~0.04克/千克。在16~28℃的温度下发酵,发酵要彻底,不腐败,无异味,发酵时间10~15天。

过滤贮存。葡萄汁发酵结束后,滤去葡萄皮和籽,发酵液在16~28℃下贮存30~120天。

蒸馏。发酵液贮存结束后,根据产品需求采用塔式蒸馏设备或壶式蒸馏设备进行蒸馏,蒸馏温度85~108℃。

陈酿。根据产品分级要求,采用不同的陈酿时间,基础陈酿时间为2年。陈酿期间需关注酒体的变化。

调配、检验。根据产品标准要求，对酒精度、感官指标（如色泽）等进行微调。对调配结束的蒸馏酒采用纸板或膜过滤，使酒体达到澄清、透明、有光泽，并通过检验。

灌装。选用适宜的包装器具包装，重量控制在国家标准规定的范围内。

鲜食葡萄加工白兰地的工艺与蒸馏酒工艺基本相同，不同点是蒸馏出来的酒体放在橡木桶或加橡木片贮存，调配过程要调色（图7-2至图7-6）。

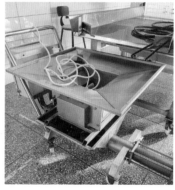

图7-2　葡萄处理设备

图7-3　葡萄汁发酵设备

图7-4 橡木桶、陶坛陈酿

图7-5 灌装机

图7-6 代表性产品

陈酿时间。根据生产条件选用橡木桶或加橡木片贮存,视产品分级要求,采用不同的陈酿时间,基础陈酿时间为2年,陈酿期间要关注酒体的变化。

调配。根据产品标准对酒精度、感官指标(如色泽)等进行微调,焦糖色添加量控制在0.5%以内,调配好的白兰地采用纸板或膜过滤,使酒体达到澄清、透明、有光泽。

7.2 葡萄干加工技术

葡萄干加工是葡萄加工利用的最基本的方法,具体加工步骤如下(图7-7至图7-9):

图7-7 葡萄干加工工艺流程

原料选择。加工葡萄干应选用皮薄、果肉丰满柔软、外形美观、含糖量高的品种,一般选用'无核白''无子露''紫金早生''玫瑰香''牛奶''美人指'等。

浸碱处理。为便于干燥,缩短水分蒸发时间,刚采摘下来的新鲜葡萄可采用碱液处理。正常情况下用 1.5%~4.0% 的氢氧化钠溶液浸渍 1~5 秒,薄皮品种用 0.5% 的碳酸钠或碳酸钠与氢氧化钠的混合液处理 3~6 秒。

干燥方法。加工葡萄干的干燥方法通常有日光干燥、遮光干燥、机械干燥等 3 种。日光干燥、遮光干燥主要是晾晒,将浸碱处理好的葡萄置于晾晒架子或晾房架子上自然晾晒,时间 8~20 天,水分控制在 11%~18%。机械干燥主要是烘干,烘干分顺流和逆流 2 种,顺流干燥始温为 90℃,终温 70℃;逆流干燥始温为 45~50℃,终温 70~75℃。空气相对湿度低于 25%,果实装载量视设备大小及功率而定,水分控制在 12%~15%。

图7-8 葡萄干加工干燥设备

图7-9 葡萄干代表性产品

均湿。将机械干燥的葡萄果串堆放 2~3 周,使葡萄干均湿、达到水分均匀。

除果梗。将晾干或烘干的葡萄干送入葡萄干脱梗机中脱去大、小果梗,同时按照色泽及大小挑选分级,并除去杂物。

清洗、上油。分级好的葡萄干用食用水洗去表面沉沙等,洗净后迅速送入离心机中脱去果干表面水分。将脱水后的果干送入上油机中,按果干质量的 0.5% 均匀喷洒橄榄油,以增强果干的光泽度,防止黏着结块。上好油的葡萄干置于包装台静置 1~3 小时,至橄榄油渗入果肉中方可进行包装。

包装、贮存。完成上油的葡萄干用食品级包装材料包装。包装产品贮存于避光、阴凉的食品专用仓库,不得与有毒、有害、有异味的物品混贮。

葡萄干质量要求。口味甜蜜鲜醇,不酸不涩。白葡萄干的外表要求略泛糖霜,除去糖霜后色泽晶绿透明。红葡萄干外表要求略带糖霜,除去糖霜后呈紫红色,半透明。

7.3 葡萄脆粒加工技术

葡萄脆粒加工技术是一项新兴的加工技术,是为适应现代人消费观念而开发的新一代营养健康,方便食用的休闲食品。选用新鲜的无核葡萄经真空冷冻和压差膨化组合干燥制得。具体加工技术如下(图 7-10 至图 7-13):

原料选择。选择成熟度适宜、色泽均匀、无杂质、无病虫、无腐烂、无机械损伤、无非正常外部水分的新鲜无核葡萄。

挑拣、清洗。挑拣符合原料要求的葡萄,去蒂后放入不锈钢清洗机中用流动水清洗,去除表面异物。

超声预处理。将清洗好的葡萄置于超声波清洗器中预处理 10~12 分钟,超声功率 800~1 000 瓦,超声液中加 1%~2% 氢氧化钠和 1.0%~1.5% 油酸乙酯。

图7-10 葡萄脆粒加工工艺流程

a—'无核早红'；b—'爱神玫瑰'；c—'金星无核'；d—'夏黑'；e—'紫金早生'；
f—'京早白'；g—'杨格尔'；h—'无核白鸡心'；i —'瑞峰无核'；j—'红宝石'。

图7-11　不同品种葡萄脆粒产品

图7-12　真空冷冻干燥设备

图7-13　压差膨化设备

沥水、预冻。将超声处理后的葡萄置于漏盘上沥干表面水分，沥干后的葡萄摆放至冷冻盘上，保证每个葡萄均与冷冻盘接触，然后将冷冻盘放入 −35℃的速冻柜中冻结4~6 小时。

真空冷冻干燥。

分四步进行，第一步，降温预冷。打开真空冷冻干燥机电源，接通冷却水，启动一级和二级压缩机，2~3 分钟后打开冷阱制冷，待冷阱温度达到 −30℃以下，打开冻干仓制冷，给冻干仓预冷降温。第二步，葡萄冻结。将盛有预冻葡萄的冷冻盘置入预冷后的冻干仓中，并将温度传感器插入样品中，关闭冻干仓，继续冻结葡萄，当葡萄温度达到 −40~−30℃后，持续冻结 1.5~2.0 小时。第三步，抽真空。当葡萄冻结完全后，关闭冻干仓,打开冷阱制冷。当温度降至 -40℃ 时启动真空泵,开始抽真空,真空压力需降至 30~50 帕。第四步,干燥。当真空度降至 30~50 帕后,设置干燥程序,打开自动加热和循环泵开关,开始升华与解析干燥。升华干燥温度控制在 -5~30℃,升温速率控制在每分钟 0.1~0.2℃,干燥 8~10 小时。解析干燥温度 35℃,干燥 8~12 小时。当葡萄的含水率达到 23%~26% 时,停止加热,关闭循环泵、真空泵和压缩机,打开泄压阀,放气完成后取出干燥葡萄半成品。

均湿。将真空冷冻干燥后的葡萄置于 4~8℃ 冷藏库中均湿 4~8 小时。

变温压差膨化干燥。将均湿后的葡萄摆至物料盘后放入膨化罐中进行压差膨化干燥。干燥条件为膨化温度 78~82℃,停滞时间 8~10 分钟,抽真空干燥温度 70~74℃,抽真空干燥时间 50~60 分钟,真空罐压力 -100~-98 千帕。干燥完成后,待膨化罐温度冷却至 35℃ 以下后取出物料,得到休闲葡萄脆粒。

包装。分内包装和外包装,内包装选用食品级、透气性低包装袋;外包装采用瓦楞纸箱,表面涂防潮油,保持良好防潮性能。

贮存。产品储存于环境温度不大于 25℃、空气相对湿度不大于 70%、避光、阴凉的食品专用仓库,不得与有毒、有害、有异味物品混贮。

另外,可根据消费者喜好,开发以下产品。速冻葡萄粒、葡萄脯、葡萄果冻、葡萄汁饮料、葡萄皮饮料、葡萄果醋、葡萄皮原花青素、葡萄籽油等。

8

葡萄文化

　　葡萄文化是世界文化中的重要组成部分,葡萄文化的传播首先是在地中海周围地区。夏商时期,葡萄的种植与酿造由中亚地区传入西域地区,西汉以后开始广泛东传,促进了中原地区葡萄种植和葡萄酒业的发展,葡萄文化在唐代进入发展的鼎盛时期。葡萄文化是中西交流史上的重要一页,丰富了我国文化史。

　　葡萄文化是博大精深、源远流长的,涉及面广,载体多种多样,包括葡萄农业生产技术、葡萄酒文化、书籍、石刻遗迹、美术、诗赋、丝织品、民风民俗等。葡萄在古代被人们当作生命树,它丰硕的果实和蔓延的枝条象征着"多子多福"和"长命百岁",寓意深远,内涵丰富。

8.1 考古与出土

　　世界葡萄栽培和葡萄酿酒历史悠久,文化遗迹遗存很多(图8-1至图8-3)。中国葡萄贾湖遗址、杨庄遗址、良渚文化时期遗址等都有野生葡萄种子出土。中国辽墓出土的葡萄酒、距今1 700多年吐鲁番阿斯塔那古墓出土的壁画《庄园主生活图》等都证明了中国很早就有了葡萄的种植与葡萄酒的酿造。

图8-1　8世纪,库塞尔阿姆拉城堡
（壁画,约旦）

图8-2　1885年,佩纳宫
（雕像,葡萄牙）

图8-3　1623年，酒神巴库斯
（巴库斯酒神头戴葡萄叶和常春藤制作的头冠）（西班牙）

8.2 生活艺术

葡萄是吉祥文化中的重要载体，葡萄纹带有五谷丰登的寓意（图8-4至图8-12）。此外，葡萄藤叶蔓延，象征长寿，果实累累，也特别贴近人们祈盼多子多福、家庭兴旺的愿望，所以成为人们喜闻乐见的重要装饰题材。

图8-4　马尼托巴省，水井
（加拿大）

图8-5　葡萄与葡萄酒
（木雕）

图8-6　葡萄酒
（黄铜雕像）

图8-7 葡萄收获
（石雕）

图8-8 建筑立面

图8-9 铁艺门

图8-10 葡萄瓷壶

图8-11 建筑支柱

图8-12　布面油画

8.3 饮食文化

葡萄饮食文化主要体现在葡萄酒文化中,法国的葡萄酒文化可追溯到公元前500年左右,中国的葡萄酒文化发祥于汉武帝时期,距今也有2 100多年历史。随着现代食品工业技术的发展,葡萄干、葡萄果汁、葡萄果酱、葡萄酵素、葡萄冰淇淋、葡萄蛋糕、葡萄叶茶等相继开发并规模化生产,极大地丰富了葡萄产品链和饮食文化(图8-13至图8-17)。

图8-13　葡萄酒

图8-14　葡萄果汁

图8-15　葡萄果酱

图8-16 葡萄冰激淋

图8-17 葡萄蛋糕

8.4 休闲创意

葡萄的休闲创意体现为酒庄、采摘园、小镇、吉祥物、田间课堂、文化节、文化衍生品等(图8-18至图8-24)。

图8-18 葡萄酒庄

图8-19 葡萄采摘园

图8-20 葡萄小镇图

图8-21 葡萄小镇吉祥物

图8-22 葡萄田间课堂

图8-23　葡萄文化节

图8-24　葡萄文化衍生品

8.5　葡萄诗词

《凉州词》

〔唐〕王　翰

葡萄美酒夜光杯，

欲饮琵琶马上催。

醉卧沙场君莫笑，

古来征战几人回？

《赋园中所有十首》（部分）

〔宋〕苏 辙

蒲桃不禁冬，屈盘似无气。

春来乘盛阳，覆架青绫被。

龙髯乱无数，马乳垂至地。

初如早梅酸，晚作酕酪味。

谁能酿为酒，为尔架前醉。

满斗不与人，凉州几时致。

《葡萄歌》

〔唐〕刘禹锡

野田生葡萄，缠绕一枝高。

移来碧墀下，张王日日高。

分岐浩繁缛，修蔓蟠诘曲。

扬翘向庭柯，意思如有属。

为之立长檠，布濩当轩绿。

米液溉其根，理疏看渗漉。

繁葩组绶结，悬实珠玑蹙。

马乳带轻霜，龙鳞曜初旭。

有客汾阴至，临堂瞪双目。

自言我晋人，种此如种玉。

酿之成美酒，令人饮不足。

为君持一斗，往取凉州牧。

《秋思》

〔宋〕陆 游

露浓压架葡萄熟，

日嫩登场罢亚香。

商略人生如意事，

及身强健得还乡。

《春兴 其三》

〔明〕杨　慎

诸葛提兵大渡津,河流禹凿迥如新。
彩云城郭那无迹,黑水波涛亦有神。
象马远来铜柱贡,犬羊不动铁桥尘。
灵关在眼平于掌,岁岁蒲桃首在春。

《蒲桃乾》

〔宋〕杨万里

凉州博酒不胜痴,
银汉乘槎领得归。
玉骨瘦来无一把,
向来马乳太轻肥。